基于 QFD 的建筑质量管理研究

周建晶　著

中国原子能出版社

图书在版编目（CIP）数据

基于 QFD 的建筑质量管理研究 / 周建晶著. --北京：中国原子能出版社，2023.9

ISBN 978-7-5221-3033-0

Ⅰ. ①基… Ⅱ. ①周… Ⅲ. ①建筑工程–工程质量–研究 Ⅳ. ①TU712.3

中国国家版本馆 CIP 数据核字（2023）第 192811 号

基于 QFD 的建筑质量管理研究

出版发行 中国原子能出版社（北京市海淀区阜成路 43 号　100048）
责任编辑 白皎玮
责任印制 赵　明
印　　刷 北京天恒嘉业印刷有限公司
经　　销 全国新华书店
开　　本 787 mm×1092 mm　1/16
印　　张 18.25
字　　数 272 千字
版　　次 2023 年 9 月第 1 版　2023 年 9 月第 1 次印刷
书　　号 ISBN 978-7-5221-3033-0　　**定　价** **76.00** 元

发行电话：010-68452845

前　言

随着城市化的不断推进和建筑行业的迅猛发展，建筑质量管理逐渐成为保障工程可持续发展和城市生活质量的核心问题。在这个背景下，希望通过本书，深入探讨如何运用质量功能展开（QFD）方法，提升建筑质量管理的水平，推动建筑行业的质量创新和可持续发展。

建筑作为城市发展的骨架和载体，其质量直接关系到人们的生活品质和社会经济的可持续发展。然而，随着建筑项目越来越复杂和规模的不断扩大，传统的质量管理方法已经难以适应当今建筑行业的需求。在这个背景下，引入 QFD 方法，以其系统性和综合性，为建筑质量管理注入了新的活力。

QFD 旨在将客户需求转化为具体的产品或服务设计要素。通过引入 QFD 方法，可以更好地理解建筑项目中各方利益相关者的需求，实现全方位、多层次的质量管理。本书将通过深入研究和实证案例，探讨如何运用 QFD 方法在建筑质量管理中发挥其独特的优势，为提升建筑质量提供系统性的解决方案。

期望本书能够为建筑质量管理领域的从业者、学者和决策者提供有益的理论支持和实践经验。愿本书为建筑行业的可持续发展和质量创新贡献一份力量，成为行业内的重要参考资料。

目　录

第一章　综　述

第一节　建筑质量管理综述

一、建筑质量管理历史演变与发展趋势

建筑质量管理是建筑工程领域中的一项关键任务，它涉及从设计、施工到验收等各个环节的全过程管理。通过对建筑质量管理的历史演变进行深入剖析，可以更好地理解其发展脉络，把握当前形势，更好地迎接未来的挑战。

（一）建筑质量管理的起源与初期阶段

建筑质量管理是指在建筑项目的各个阶段，通过科学的方法和有效的管理手段，确保建筑工程达到或超越设计标准、法规，以及业主期望的一系列活动。建筑质量管理旨在确保建筑物的安全性、稳定性、功能性和持久性，以满足社会的需求并保护公众利益。

建筑质量管理的起源可以追溯到古代文明时期。在古罗马时代，建筑师和工程师就已经开始认识到建筑的质量对于公共安全和工程可持续性的重要性。建筑质量管理在现代工业化和城市化的背景下逐渐演变和成熟。

以下是建筑质量管理起源与初期阶段的主要特点。

1. 古代文明时期

建筑艺术和手工艺：古代文明如埃及、古希腊和古罗马注重建筑的艺术性和手工艺。建筑师和工匠通过传统技术和经验来确保建筑物的质量。

强调工程技术：古代文明的建筑工程强调对材料和结构的认真研究。这种技术导向的方法有助于确保建筑的结构安全和稳定性。

2. 中世纪和文艺复兴时期

行业协会的形成：中世纪时期，石匠和木匠等建筑工匠开始组成行业协会，以促进技术传承和质量标准的制定。

工匠的学徒制度：学徒制度的建立有助于新一代工匠通过实践和指导学习建筑技术，并继承质量管理的经验。

3. 工业革命时期

标准化和规范：随着工业革命的兴起，建筑行业开始采用标准化和规范，以确保材料的一致性和建筑过程的可控性。

工程项目管理的兴起：工程项目管理的概念开始崭露头角，注重计划、监督和控制工程过程，从而提高了建筑质量管理的效率。

4. 20世纪初期

科学方法的应用：随着科学方法在工程和建筑领域的应用，建筑质量管理开始更加系统地采用科学原理来评估和改进建筑质量。

质量管理体系的发展：20世纪初，质量管理体系的概念逐渐形成，如ISO 9000国际质量管理体系标准的提出，标志着建筑质量管理逐渐系统化和国际化。

5. 当代建筑质量管理

技术创新：当代建筑质量管理受益于先进的技术，如建筑信息模型（BIM）、无损检测等，提高了对建筑质量的监测和分析能力。

可持续发展：随着对环境和可持续性的关注增加，建筑质量管理也包括对绿色建筑和可持续设计的考虑，以满足现代社会的需求。

全球化：全球化使建筑质量管理面临跨国挑战，需要统一的标准和方法来确保建筑质量。

总的来说，建筑质量管理的起源可以追溯到古代文明，而其在不同历史时期的发展经历了艺术、手工艺、技术、标准化和科学方法的逐步演变。当代建筑质量管理更加注重科技创新和可持续性发展，成为建筑行业不可或缺的一部分。建筑质量管理的不断演进体现了对建筑安全和可持续性的不断追求，为人类社会的发展提供了坚实的基础。

（二）质量管理理论的逐步引入

质量管理理论的演进经历了多个阶段，从简单的质量检查逐步发展到更为综合和系统的方法。起初，19 世纪末至 20 世纪初的质量检查阶段，注重通过检验确保最终产品的质量。随后，20 世纪初至 40 年代，统计质量控制（SQC）的兴起引入了统计工具，强调通过控制过程来提高质量。全面质量管理（TQM）在 20 世纪 50 年代至今逐渐崛起，将质量视为整个组织文化的一部分，强调员工参与、连续改进和顾客满意度。20 世纪 80 年代，六西格玛提出了通过减少缺陷和变异性来提高质量的方法，强调数据驱动的决策和 DMAIC 的问题解决方法。这一逐步演进的过程反映了对质量管理理论不断深化和完善的不懈追求，从而推动了质量管理领域的不断创新和发展。

（三）质量管理体系标准的制定

质量管理体系标准的制定是为了促进组织内外的质量管理实践，确保产品和服务的质量达到一定的标准，并在全球范围内建立起统一的质量管理体系。这些标准通常由国际标准化组织（ISO）或其他国家和地区的标准化机构颁布。本书将深入探讨质量管理体系标准的制定过程、背后的原则，以及对企业和全球经济的影响。

质量管理体系标准的制定过程是一个复杂而系统的过程。通常，这一过程始于社会对质量和标准化的日益关注。在这种情况下，国际、国家或地区性的标准化组织会设立专门的工作组或委员会，以汇聚专业知识和利益相关方的智慧。这些委员会将调研、讨论和制定关于质量管理的标准，并在草案阶段征求公众和产业界的反馈。这个过程强调了透明性、民主性和广泛参与，确保标准的制定是充分被各方接受的。

质量管理体系标准的制定基于一系列核心原则。其中，最为重要的原则之一是顾客满意度。标准要求组织在质量管理中应关注和满足顾客需求，确保提供符合或超越期望的产品和服务。此外，持续改进也是一个重要原则，强调组织应通过不断寻求创新和提高效率来改善其整体绩效。其他原则还包括领导力、员工参与、过程方法和系统方法等，这些原则共同构成了一个全面而综合的质量管理框架。

ISO 9001 是应用最为广泛的质量管理体系认证标准之一，它提供了一种通用的质量管理方法，适用于各种组织类型和规模。ISO 9001 国际质量管理体系标准的制定是为了建立起一种基于过程的方法，强调组织应关注关键过程，并通过逐步改进来提高这些过程的效能。该标准要求组织制定和实施一套文件化的质量管理体系，并进行内部和外部的审核以验证其符合性。这种系统性的方法有助于组织确保其质量管理体系能够持续有效地运作。

质量管理体系标准的制定对企业具有深远的影响。它为企业提供了一种提高内部管理水平的机会。通过实施和符合质量管理体系标准，企业能够加强对其关键过程的控制，提高组织的整体效率和透明度。质量管理体系标准有助于提高企业的市场竞争力。在全球化的背景下，许多企业需要证明其产品和服务符合国际标准，以获得国际市场的认可。ISO 认证成为了企业国际竞争中的一张通行证，为企业打开国际市场提供了便利。

此外，质量管理体系标准也对全球经济产生了积极的影响。通过建立起一种全球通用的质量管理体系标准，ISO 等国际标准化组织为各国企业提供了共同的语言和标准，促进了国际贸易和合作。这有助于降低国际交流中的信息不对称，提高各方对产品和服务的信任度。同时，通过促进全球企业的合作，这些标准还有助于推动全球产业的技术进步和创新。

质量管理体系标准也面临一些挑战。一些企业可能将其实施视为一种形式主义，只是为了取得证书而非真正关注质量的提升。这就需要标准制定机构不断改进标准，确保其能够适应和引导企业真实的质量管理需求。由于不同行业和组织类型的特殊性，标准难以涵盖所有可能的情况，因此有时需要在实施时进行一定的调整和定制。

总的来说，质量管理体系标准的制定是一个积极推动企业提升质量管理水平、提高市场竞争力的过程。通过建立全球通用的标准，它为国际贸易提供了基础，并促使企业更加注重持续改进和顾客满意度。然而，在制定和实施标准的过程中，各方需要共同努力，以确保这些标准能够真正体现质量管理的实质，为企业和全球经济的可持续发展提供有力支持。

（四）全过程质量管理与信息化建设

全过程质量管理与信息化建设是两个相互关联的领域，它们共同推动着企业的发展，提高了生产和服务的质量水平。以下是对这两个领域的关系和相互影响的一些讨论。

1. 全过程质量管理

全过程质量管理是一种质量管理的理念，强调质量管理不仅是生产中的一道工序，而是组织中每个环节的全方位参与。其核心思想是将质量管理纳入组织的所有业务和活动中，确保从产品设计、生产制造、到售后服务的每个环节都能够满足质量要求。全过程质量管理强调预防性，注重整体系统的优化，而不仅是问题的纠正。

2. 信息化建设

信息化建设是指运用信息技术，通过信息系统对企业的业务活动进行自动化、信息化、网络化的改造，提高信息资源的利用效率。信息化不仅包括硬件设备和软件系统的建设，还包括信息流程的优化和管理。信息化建设能够提高企业的管理水平、决策效率，加速信息传递和反馈，提高整体运作效率。

3. 相互影响和融合

实时监控和反馈：信息化系统可以实现对全过程的实时监控和反馈，帮助企业管理层更加及时地了解生产、服务和质量状况。这有助于及早发现问题并采取纠正措施。

数据驱动决策：信息化建设提供了大量的数据，全过程质量管理可以借助这些数据进行分析，识别潜在的质量问题，优化生产流程。数据的可视化呈现有助于管理者做出基于事实的决策。

全面质量控制：信息化系统可以支持全面质量控制的实施，包括对原材料、生产过程和成品的全方位监控。通过数据的采集和分析，可以更好地管理产品质量。

客户满意度提升：信息化建设可以帮助企业更好地了解客户需求，通过精准的信息分析和反馈机制，企业可以更加及时地调整产品和服务，提高客户满意度。

持续改进：全过程质量管理的核心是持续改进，而信息化建设为持续改进提供了强大的工具。通过信息化系统收集的数据，企业可以进行周期性的评估和改进，实现不断优化。

在实践中，企业通常将全过程质量管理和信息化建设相结合，形成一个有机的整体。通过建设信息化系统，实现全过程质量管理的目标，企业可以更加灵活地应对市场变化，提高生产效率，降低成本，并不断提升产品和服务的质量水平。这种综合应用有助于企业在竞争激烈的市场中取得更大的优势。

（五）可持续发展与绿色建筑质量管理

近年来，随着人们对可持续发展的关注不断加强，绿色建筑质量管理成为建筑业质量管理的新方向。可持续建筑注重在设计、施工和使用阶段最大限度地减小对环境的影响，提高建筑的资源利用效率。这一理念要求建筑质量管理不仅要关注传统的结构、安全、功能等方面，还要充分考虑环保、能效、社会责任等因素。因此，绿色建筑质量管理在设计、材料选择、施工过程，以及建筑运营和维护等各个环节都提出了更高的要求。

在绿色建筑质量管理中，建筑企业需要考虑诸多因素，包括但不限于能源利用效率、环保材料的选择、水资源的管理、建筑的生命周期评估等。绿色建筑的出现，不仅推动了建筑行业的技术革新，也对建筑质量管理体系提出了更高的要求。通过对建筑材料、施工工艺和建筑设备的优化，绿色建筑质量管理旨在实现建筑与环境的和谐共存。

（六）未来趋势与挑战

面对未来，建筑质量管理仍然面临着一系列挑战和机遇。随着建筑技术的不断发展和建筑结构的日益复杂，对建筑质量管理提出了更高的技术和管理要求。全过程质量管理、信息技术的智能化应用等将成为未来建筑质量管理的发展趋势。

可持续发展理念的深入推广，将促使建筑质量管理在绿色、环保、可持续性方面不断创新。在这一背景下，建筑企业需要深入研究并实施更加全面的绿色建筑质量管理体系，满足社会对于可持续建筑的日益增长需求。

随着全球化的加深，建筑质量管理也将面临跨文化、跨国界管理的挑战。建筑项目可能涉及多个国家和地区，文化差异、法规差异等因素将影响建筑质量管理的实施。因此，建筑质量管理体系需要更加灵活和适应性，以应对不同文化和国情的挑战。

新技术的不断涌现将为建筑质量管理带来新的机遇。人工智能、大数据分析、物联网等技术的应用，使得建筑质量管理可以更加智能、精准地进行监测和控制。然而，这也对从业者的专业素养提出更高的要求，需要不断学习和适应新技术的发展。

总体而言，建筑质量管理在历史的演变中不断从简单的技术要求发展为更为系统、全面的管理体系。未来，建筑质量管理将继续朝着全过程、信息化、可持续性、智能化的方向发展，以更好地适应社会的需求和科技的进步。

二、建筑质量管理的关键概念

建筑质量管理是指在整个建筑项目的生命周期中，通过科学的管理手段和有效的控制措施，确保建筑项目在设计、施工、验收和运维等各个阶段都能够达到预期的质量标准。建筑质量管理的成功与否直接影响到建筑的安全性、功能性、经济性，以及对环境的影响。在深入理解建筑质量管理的过程中，有一系列关键概念起到了重要的指导作用。

（一）全过程质量管理

全过程质量管理（TQM）是一种综合性的质量管理理念和方法，旨在将质量管理融入到整个组织的各个层面和活动中。TQM 不仅关乎产品的质量，更强调了组织内所有业务和流程的全方位质量提升。以下是 TQM 的主要特征和原则。

1. 主要特征

全员参与：TQM 强调全员参与，要求每个组织成员都对质量负有责任。从高层管理者到基层员工，每个人都应该积极参与并关注质量问题。

客户导向：TQM 的目标是满足客户需求和期望。这包括了解客户需求、设计产品或服务以满足这些需求，并确保在整个生产和服务过程中保持一致的高质量水平。

持续改进：TQM 鼓励组织进行持续改进。通过周期性的评估、数据分析和反馈机制，组织可以不断找到改进的空间，优化业务流程，提高效率和质量。

过程管理：TQM 关注整个过程，而不仅是产品的最终质量。通过管理和改进各个环节的过程，可以确保整个价值链的稳定性和一致性。

数据驱动决策：TQM 强调基于数据和事实做出决策。通过数据的收集、分析和使用统计工具，组织能够更好地了解问题的本质，并制定更科学的解决方案。

2. 主要原则

领导层承诺：TQM 的成功离不开领导层的积极支持和承诺。领导者应该引领全员向着共同的质量目标努力，并为 TQM 提供必要的资源。

客户满意度：TQM 将客户满意度置于首要位置。理解客户的需求，超越期望地提供产品和服务，是 TQM 中的基本原则。

预防性管理：TQM 强调预防胜于纠正。通过在过程中建立控制和预防措施，可以减少缺陷的产生，提高效率。

全员参与：TQM 认为每个员工都是质量管理的一部分。组织应该培养一种全员参与、积极贡献的文化。

持续改进：TQM 不是一次性的项目，而是一个持续改进的过程。通过不断地评估和调整，组织可以逐步提高其整体绩效水平。

合作伙伴关系：TQM 认为与供应商、合作伙伴之间的良好合作关系对于整个价值链的质量都至关重要。

3. 实施步骤

明确目标和方向：确定组织的质量目标，明确实施 TQM 的方向。

培训和教育：对组织成员进行 TQM 相关培训，确保他们理解 TQM 的理念和方法。

建立质量管理体系：建立一个完整的质量管理体系，包括质量政策、流程和程序。

全员参与：建立一个全员参与的文化，鼓励每个人对质量提升提出建议和参与改进活动。

数据收集和分析：建立有效的数据收集和分析机制，用以评估过程和识别改进的机会。

持续改进：基于数据和反馈，不断进行过程改进，确保质量管理体系的不断完善。

TQM 的实施不仅是一种管理方式，更是一种文化和价值观的转变。成功实施 TQM 可以带来质量的提升、效率的提高，以及客户满意度的提升，为组织的长期可持续发展奠定基础。

（二）持续改进

持续改进是一种组织文化和管理哲学，旨在通过不断的努力、学习和创新，提高组织的绩效、效率和质量。这一理念通常应用于不同的管理体系中，包括全过程质量管理、六西格玛、精益生产等。以下是持续改进的关键概念和实施步骤。

1. 关键概念 PDCA 循环

计划（Plan）：设定改进目标，识别问题，制定计划。

执行（Do）：实施计划，采集数据，进行试点测试。

检查（Check）：分析数据，评估结果，比较实际情况和计划。

行动（Act）：基于评估结果，制定进一步的行动计划。

改善（Kaizen）：一种源自日本的管理哲学，强调小步骤的渐进性改善。通过员工的积极参与和每天小改变的推动，实现组织整体的进步。

数据驱动决策：持续改进依赖于数据的采集、分析和应用。数据提供了客观的依据，帮助组织了解问题的本质，评估改进的效果。

员工参与：持续改进需要全员参与，包括领导层和基层员工。员工是最了解业务流程和问题的人，他们的积极参与对于改进至关重要。

流程优化：持续改进关注整个过程，而不仅是特定环节。通过对流程的优化，可以提高效率、减少浪费，从而改善整体绩效。

2. 实施步骤

设定目标和愿景：确定组织期望实现的目标和愿景，明确改进的方向。

建立改进文化：培养组织成员对改进的敏感性，鼓励创新思维，创建一个支持改进的文化。

培训和教育：为员工提供必要的培训，使其了解改进的方法、工具和技术。

问题识别和分析：识别潜在问题和改进机会，使用工具如鱼骨图和 5

问法分析问题根本原因。

制定改进计划：制定明确的改进计划，包括行动步骤、责任人和时间表。

实施和监控：实施改进计划，同时对改进过程进行监控，及时调整和纠正。

数据收集和分析：收集相关数据，进行分析评估改进的效果，了解是否达到预期目标。

分享经验和学习：在组织内部分享成功的改进经验，帮助其他部门或团队学习和应用。

持续迭代：持续改进是一个循环的过程，通过不断地评估、调整和改善，使组织能够适应变化并不断提高。

3. 重要作用

提高效率：持续改进可以帮助组织发现并消除浪费，提高生产和业务流程的效率。

优化质量：通过不断改进过程，组织可以提高产品和服务的质量，满足客户需求。

降低成本：通过优化流程、减少浪费，持续改进有助于降低生产和运营成本。

提高员工满意度：员工参与改进过程，可以提高他们的工作满意度，增强团队合作精神。

适应变化：持续改进使组织更具灵活性，能够更好地适应市场和环境的变化。

持续改进的过程需要组织形成一种学习的文化，使每个成员都乐于接受变化，不断地追求卓越。这种改进的文化使得组织能够更好地适应竞争激烈和快速变化的商业环境。

（三）客户满意度管理

客户满意度管理是一种组织通过定期测量、分析和改进客户对其产品或服务的满意程度的系统性方法。理解并满足客户期望，建立良好的客户关系，对于企业的长期成功至关重要。以下是客户满意度管理的关键概念和实施步骤。

1. 关键概念

客户为中心：客户满意度管理将客户放在组织战略的中心。通过理解客户需求、期望和反馈，组织可以调整自己的产品、服务和流程，以更好地满足客户的期望。

客户反馈：收集客户反馈是客户满意度管理的基础。这可以通过各种手段，如调查问卷、面对面访谈、社交媒体反馈等进行。

持续改进：客户满意度管理强调持续改进。通过分析客户反馈，组织可以识别问题，并采取纠正措施，以不断提高产品和服务的质量。

客户忠诚度：高水平的客户满意度通常与客户忠诚度相关。建立强大的客户关系，使客户更愿意长期与组织保持合作。

2. 实施步骤

设定明确的客户满意度目标：确定组织期望达到的客户满意度水平，并将其转化为具体的、可测量的目标。

设计客户调查工具：创建适用的客户满意度调查问卷或其他调查工具，以了解客户的看法和反馈。

收集客户反馈：定期进行客户满意度调查，通过不同的渠道（在线调查、电话调查等）收集客户的反馈。

分析和解释结果：对收集到的客户反馈进行分析，识别出满意度高低的关键领域，理解客户的需求和期望。

制定改进计划：基于分析结果，制定改进计划，明确需要采取的措施以提高客户满意度。

实施改进措施：落实改进计划，确保组织内的相关部门或团队采取行动，以解决问题并改进服务。

培训和教育：对员工进行培训，使其能够更好地理解和满足客户需求，提高服务质量。

定期监控和评估：持续监控客户满意度水平，评估改进措施的有效性，并根据需要调整策略。

回应客户反馈：对客户的反馈做出及时回应，让客户感受到他们的声音被听到和重视。

建立客户关系管理系统：建立有效的客户关系管理系统，以更好地追踪客户的需求和反馈，保持与客户的沟通。

3. 重要作用

提高客户忠诚度：通过积极管理和改进客户满意度，可以增加客户的忠诚度，使其更倾向于选择组织的产品或服务。

降低客户流失率：了解客户不满意的原因，并采取相应的措施，有助于减少客户的流失。

口碑和品牌形象：高水平的客户满意度有助于形成良好的口碑，提升品牌形象，吸引更多的潜在客户。

产品和服务改进：客户反馈是改进的重要来源，通过不断优化产品和服务，可以更好地满足市场需求。

竞争优势：通过提供高质量的客户体验，组织可以在竞争激烈的市场中脱颖而出，取得竞争优势。

客户满意度管理不仅是一种策略，更是一种文化，要求组织始终保持对客户需求的敏感性，并通过持续改进来不断提高客户体验和满意度。这对于维护客户关系、提高市场占有率和实现可持续发展至关重要。

（四）质量环路

PDCA 循环，也被称为质量环路。PDCA 是一种管理方法，用于持续改进和解决问题。这个循环是由质量管理专家 W.Edwards Deming 引入的，后来被广泛采用在许多管理和质量控制领域。

PDCA 循环的四个阶段。

1. 计划（Plan）

目标设定：确定改进的目标和方向。

问题识别：识别当前系统中的问题和瓶颈。

制定计划：制定解决问题和实现目标的计划。

2. 执行（Do）

实施计划：根据制定的计划，执行实际的操作。

数据收集：收集实施过程中的数据。

3. 检查（Check）

数据分析：对收集到的数据进行分析，评估实施的效果。

比较计划与实际：比较计划中的预期结果和实际结果。

4. 行动（Act）

调整计划：基于检查阶段的分析，对计划进行调整和改进。

持续改进：将学到的经验和知识应用到下一轮的计划中，形成持续改进的循环。

PDCA 循环的应用领域。

质量管理：PDCA 循环是质量管理体系中的核心概念，通过循环的过程，不断改进产品和服务的质量。

流程管理：用于改进和优化业务流程，提高效率和降低成本。

项目管理：PDCA 可用于项目计划、实施、监控和调整，确保项目目标的达成。

问题解决：PDCA 循环是一种系统性的问题解决方法，用于识别、分析和解决问题。

绩效管理：在组织层面，PDCA 可用于设定目标、监测绩效、制定改进计划。

环境管理：在可持续发展和环境管理方面，PDCA 可用于提高资源利用效率、降低环境影响。

PDCA 循环的优势在于它是一个灵活的、适用于各种组织和领域的方法，强调通过实际经验不断学习和改进。这个循环是一种理论基础，同时也是一种实践方法，帮助组织适应不断变化的环境，实现持续的提升和创新。

（五）质量功能展开

质量功能展开是一种质量管理方法，起源于日本。它旨在将顾客需求转化为产品或服务的特定设计和生产要求。QFD 主要通过建立矩阵，将顾客需求、工程特性和质量特性相互关联，以确保产品或服务能够最大程度地满足顾客的期望。

以下是质量功能展开的主要概念和步骤。

1. 主要概念

顾客需求：QFD 的起点是顾客的需求，这可以是明确的产品功能、性能、质量特性，也可以是更一般的顾客期望。

工程特性：工程特性是指与产品或服务设计相关的各种要素，包括材料、工艺、设计规范等。

质量特性：质量特性是指保证产品或服务质量的具体要求，如可靠性、耐久性、性能等。

2. 四个基本矩阵

顾客需求矩阵：将顾客需求列出，并进行彼此之间的相互关联。

工程特性矩阵：将工程特性列出，并与顾客需求进行关联。

质量特性矩阵：将质量特性列出，并与工程特性进行关联。

最终得分矩阵：根据关联矩阵中的权重，计算每个工程特性对于满足顾客需求的重要性。

3. 实施步骤

收集顾客需求：通过市场研究、顾客反馈等方式，全面收集和明确顾客的需求。

建立顾客需求矩阵：将收集到的顾客需求整理成矩阵形式，进行交叉关联。

收集工程特性：确定能够影响顾客需求满足的工程特性，这可能涉及产品设计、生产工艺等方面。

建立工程特性矩阵：将工程特性列出，并与顾客需求进行关联，明确工程特性对顾客需求的影响。

收集质量特性：确定保证工程特性质量的具体质量特性，如可靠性、耐用性等。

建立质量特性矩阵：将质量特性列出，并与工程特性进行关联，明确每个工程特性对于质量的重要性。

计算最终得分：基于矩阵中的关联和重要性权重，计算每个工程特性的最终得分，以确定关注和优先处理的工程特性。

制定改进计划：基于得分和关联关系，制定改进计划，以确保产品或服务在满足顾客需求的同时保持高质量。

4. 重要作用

顾客导向：QFD 确保产品或服务的设计和生产是以满足顾客需求为中心的，提高了产品与市场需求的契合度。

团队协作：QFD 通常需要跨部门和跨功能的协作，促进了团队之间的沟通和合作。

资源优化：通过权衡各种工程和质量特性，QFD 有助于优化资源的使用，确保关注到对顾客最重要的方面。

持续改进：QFD 是一个循环的过程，随着时间的推移和顾客需求的变化，可以持续进行改进，以保持产品或服务的竞争力。

降低开发风险：通过深入了解顾客需求，避免了在产品或服务开发过程中的盲目猜测，降低了项目失败的风险。

总体而言，质量函数部署是一种系统性的方法，通过将顾客需求与产品设计和质量要求相连接，帮助组织更有效地满足市场需求，提高产品或服务的质量和客户满意度。

（六）关键指标

关键指标是建筑质量管理中用于评价和监控项目质量的重要量化指标。这些指标通常直接与项目的目标和质量标准相联系，可以客观地反映项目的质量状况。

在建筑质量管理中，关键指标可以包括结构的稳定性、材料的质量、施工工艺的合理性等。通过对这些关键指标的监控和分析，建筑质量管理者可以及时发现潜在问题，并采取相应的纠正措施，确保项目的整体质量水平。以下是一些关键指标的具体示例。

结构稳定性指标：包括建筑结构的承载能力、抗震性能、抗风性能等。这些指标直接关系到建筑的安全性，是建筑质量管理中至关重要的方面。

材料质量指标：涉及建筑所使用的各种材料，包括但不限于混凝土、钢材、玻璃等。这些材料的质量直接影响建筑的耐久性。

施工工艺指标：考察建筑施工的流程和方法，包括施工进度、工艺合理性、施工质量等。合理的施工工艺是确保项目质量的基础。

环境友好性指标：随着可持续发展理念的普及，建筑的环保性能也成为关键指标之一。包括建筑的能耗情况、环保材料的使用等。

客户满意度指标：通过调查、反馈等方式测量客户对建筑项目的满意程度。客户满意度是反映项目整体质量的综合指标。

成本控制指标：考察项目的预算执行情况，包括成本超支情况、资源利用效率等。成本控制是建筑质量管理中的一项重要内容。

安全管理指标：评估施工过程中的安全措施和管理效果，确保施工过程中不发生事故。

（七）风险评估与管理

风险评估与管理是建筑质量管理中的重要概念。建筑项目涉及众多的不确定因素，包括但不限于自然灾害、人为失误、技术难题等。风险评估的目的是在项目初期识别潜在风险，并采取相应的措施进行管理，以降低风险对项目的不良影响。

在建筑质量管理中，风险评估通常包括以下步骤。

风险识别：通过对项目的全面分析，识别可能影响项目目标的各种风险因素。

风险分析：对已识别的风险因素进行深入分析，评估其可能性和影响程度。

风险评估：对每个风险因素进行综合评估，确定其对项目整体风险的影响。

风险管理：制定相应的风险应对策略，包括风险规避、转移、减轻等措施，确保项目能够在面临风险时做出及时、有效的反应。

（八）信息技术在建筑质量管理中的应用

信息技术在建筑质量管理中的应用是建筑行业发展的一个重要趋势。随着 BIM 等技术的兴起，建筑质量管理进入了数字化时代。以下是信息技术在建筑质量管理中的关键概念。

BIM：一种数字化的建筑设计和管理工具，它可以集成建筑项目的各个方面，包括设计、施工、运维等。通过 BIM，建筑质量管理者可以更加直观、全面地了解项目的各个细节，实现对项目的全过程质量管理。

大数据分析：利用大数据分析技术，建筑质量管理者可以从海量的数据中提取有用的信息，帮助决策、监控和改进。大数据分析可以用于识别潜在的问题、预测质量趋势、优化资源分配等方面。

移动技术应用：移动技术的普及使得建筑质量管理可以更加灵活地进行。通过移动设备，管理者可以实时查看项目进展、处理问题，提高决策的时效性和准确性。

（九）法规与标准

建筑质量管理的实施离不开相关的法规和标准的支持。各国都制定了一系列的建筑法规和标准，用于规范建筑项目的质量管理。这些法规和标准通常包括对建筑结构、材料、施工工艺、验收标准等方面的规定。

在建筑质量管理中，法规和标准的合规性是确保项目质量的基础。建筑企业和质量管理者需要深入了解并遵循相关的法规和标准，以确保项目的合法性和规范性。

（十）环境与社会责任

随着社会的进步，建筑质量管理的范围不仅仅局限于技术和工程层面，还涉及对环境和社会的责任。建筑项目在设计、建设和运营的过程中，需要考虑对周围环境的影响，以及对社会的责任。以下是与环境与社会责任相关的建筑质量管理关键概念。

可持续发展：可持续发展是建筑质量管理中的重要理念，要求在满足当前需求的同时，不损害未来世代的需求。建筑项目需要考虑资源利用效率、能源消耗、废弃物处理等方面，以确保项目对环境的可持续性发展。

绿色建筑：绿色建筑是一种注重减少对环境的负面影响，提高资源利用效率的建筑模式。在建筑质量管理中，需要考虑使用环保材料、采用节能技术、实现建筑与自然环境的融合等。

社会责任：建筑质量管理不仅关注建筑本身的质量，还要考虑对社会的影响。这包括对周边社区的影响、对当地文化的尊重、对劳工权益的保障等。在建筑项目中，社会责任意味着企业要对社会和当地社区负有积极的责任感。

生命周期评估：生命周期评估是对建筑项目在整个生命周期内的环境影响进行评估的方法。通过对建筑材料的选择、施工阶段的管理和建筑运营阶段的影响等方面的考虑，可以制定更全面的环境保护和社会责任策略。

（十一）团队协作与沟通

在建筑质量管理中，团队协作与沟通是至关重要的概念。建筑项目涉及众多参与者，包括设计师、工程师、施工人员、监理人员等，需要各方通力合作，确保项目在各个环节的顺利进行。以下是团队协作与沟通在建筑质量管理中的关键概念。

团队建设：在建筑项目中，形成一个高效协作的团队至关重要。建筑质量管理者需要通过培训、团队建设活动等手段，促使团队成员之间建立良好的沟通和合作关系。

信息共享：信息共享是建筑质量管理中的基础。通过建立透明、高效的信息共享机制，团队成员可以及时了解项目的最新动态，有助于问题的及时解决。

沟通技巧：有效的沟通是团队协作的关键。建筑质量管理者需要具备良好的沟通技巧，能够清晰表达自己的观点，理解他人的需求，促使团队成员之间的沟通畅通。

冲突解决：在建筑项目中，难免会出现各种冲突，包括技术分歧、资源争夺等。建筑质量管理者需要具备冲突解决的能力，通过妥善处理冲突，维护团队的和谐氛围。

项目管理工具：利用现代项目管理工具，如项目管理软件、在线协作平台等，提高团队的协作效率等。这些工具可以帮助建筑质量管理者对项目进度、质量等方面进行全面监控和管理。

通过以上关键概念的理解和应用，建筑质量管理者能够更好地引导项目团队，确保项目在各个方面达到高质量的标准。这些概念相互交织，共同构成了建筑质量管理的综合体系，为建筑行业的可持续发展提供了坚实的基础。

三、建筑质量管理行业标准与规范

建筑质量管理是建筑行业中至关重要的一环，它直接关系到建筑工程的质量、安全、经济和环境等多个方面。为了确保建筑质量达到预期标准，各国纷纷制定了一系列建筑质量管理行业标准与规范。这些标准与规范旨在为建筑质量管理提供指导，规范建筑行业的行为，保障建筑工程的质量和安全。以下将详细探讨建筑质量管理行业标准与规范的主要内容和作用。

（一）ISO 体系与建筑行业

国际标准化组织（ISO）是全球性的标准制定机构，它发布了大量的与建筑质量管理相关的标准。这些标准涵盖了从项目规划、设计、施工、验收到运营等建筑项目的各个阶段。以下是一些与建筑质量管理相关的 ISO 标准。

ISO 9001: 2015 质量管理体系：该标准规定了建立、实施和维护质量管理体系的要求，适用于任何规模和类型的组织。在建筑行业，ISO 9001: 2015 标准被广泛用于确保建筑项目的整体质量。

ISO 10006: 2003 项目质量管理指南：该标准提供了关于项目质量管理的一般原则和指南，涵盖了项目计划、实施和评估等方面。在建筑项目中，ISO 10006: 2003 标准为实现全过程质量管理提供了指导。

ISO 21500: 2012 项目管理指南：该标准为项目管理提供了通用的指南，适用于各种类型的项目，包括建筑项目。它涵盖了项目启动、规划、执行、监控和关闭等各个阶段的管理要点。

这些 ISO 标准为建筑质量管理提供了国际性的框架，有助于不同国家和地区的建筑行业采用统一的标准和规范，提高建筑工程的质量和效益。

（二）国家标准与建筑质量管理

各个国家都制定了适用于本国建筑行业的国家标准，这些标准通常由国家标准化机构负责制定和发布。国家标准具有强制性，对于建筑工程的设计、施工、验收等方面都有详细规定。以下是一些国家标准中常见的建筑质量管理方面的内容。

GB 50300《建筑工程质量验收规范》：该标准是中国建筑行业的基础性标准之一，规定了建筑工程各个专业和施工阶段的质量验收要求。它涵盖了建筑结构、建筑工程施工、建筑装饰装修等多个方面。

GB/T 50430《工程建设项目质量管理规范》：该标准是中国建筑质量管理的综合性规范，包括质量管理的基本原则、质量管理体系的建立和运行、质量管理的组织与人员等方面。它对建筑工程的全过程进行了规范。

ASTM E2500《建筑工程项目验证、验证和控制质量体系》：美国材料与试验协会（ASTM）发布的这一标准强调建筑项目中验证、验证和控制质量体系的过程。它提供了适用于建筑行业的质量管理体系的方法。

（三）行业协会与质量管理规范

行业协会和质量管理规范在许多情况下密切相关，特别是在组织追求质量卓越和规范合规性方面。以下是行业协会与质量管理规范之间可能的关联和互动方面。

1. 行业协会的作用

标准制定和推广：行业协会通常负责制定和推广特定行业的标准，这些标准涵盖了产品或服务的质量、安全、可靠性等方面。

经验分享和最佳实践：行业协会提供一个平台，使行业内的企业可以分享经验和最佳实践。这有助于组织学习和应用质量管理方面的成功经验。

培训和教育：行业协会通常提供培训和教育资源，帮助企业和从业人员了解和应用最新的质量管理方法和标准。

政府合规性：行业协会可能参与与政府相关的合规性事务，确保企业符合行业和地区的法规和标准。

2. 质量管理规范的作用

ISO 标准系列：国际标准化组织发布了一系列质量管理标准，如 ISO 9001。这些标准提供了组织建立、实施和持续改进质量管理体系的要求和指南。

行业特定标准：有些行业制定了特定的质量管理规范，以满足该行业的独特需求。这些规范可能是由行业协会或国际标准制定组织领导的。

合规性认证：通过符合特定的质量管理规范，企业可以获得相应的认证，证明其产品或服务符合国际或行业标准，增强了市场竞争力。

质量管理体系：质量管理规范提供了建立和管理质量管理体系的框架。这有助于组织确保产品或服务的一致性和稳定性。

3. 行业协会与质量管理规范的互动

行业定制标准：行业协会可能会基于通用的质量管理标准（如 ISO 标准等）制定行业定制的标准，以更好地满足特定行业的需求。

推广最佳实践：行业协会可以通过会议、研讨会等途径推广质量管理的最佳实践，引导企业更好地遵循相关的质量管理规范。

培训和认证：行业协会可以提供培训和认证服务，帮助企业了解和符合特定的质量管理规范。

合作与合规：行业协会与政府和国际组织合作，以确保行业内的企业遵守相关的法规和质量管理规范。

反馈机制：行业协会可以提供一个反馈机制，让企业分享他们在质量管理方面的经验和挑战，促进行业内的学习和进步。

在许多情况下，企业可能同时受到行业协会和质量管理规范的影响，以确保其产品或服务达到高质量标准，并在市场上保持竞争力。

（四）质量管理体系认证

质量管理体系认证是指组织通过实施和维护一套符合特定质量管理标准的体系，并由独立的认证机构进行审核和认证的过程。这种认证通常基于国际标准，最为常见的是 ISO 9001 质量管理体系认证。以下是有关质量管理体系认证的一些关键概念和步骤。

1. 关键概念

ISO 9001 标准：ISO 9001 是国际标准化组织（ISO）发布的质量管理体

系标准，它包含了一系列的要求，用于指导组织建立和维护质量管理体系。

质量管理体系（QMS）：质量管理体系是一个组织内部的框架，用于确保组织的产品或服务符合顾客的要求，并持续地改进质量。

认证机构：认证机构是独立的第三方机构，负责审核组织的质量管理体系是否符合 ISO 9001 标准，并颁发相应的认证证书。

2. 实施步骤

准备：组织首先需要了解 ISO 9001 标准的要求，确定是否愿意和能够履行这些要求。在这个阶段，组织可能需要进行内部评估，以确定现有体系的差距和改进点。

文档化体系：组织需要建立和完善一系列文件，包括质量手册、程序文件、工作指导书等，以确保体系的文档化和可追溯性。

培训和意识提高：组织需要培训员工，使其了解质量管理体系的要求，并提高其对质量重要性的认识。

实施：组织按照 ISO 9001 标准的要求，实施质量管理体系，并确保体系的运作符合标准。

内部审核：组织进行内部审核，以确保质量管理体系的有效性和符合性，同时发现潜在的改进机会。

认证申请：组织选择一家合格的认证机构，提交认证申请。

初次审核：认证机构进行初次审核，检查组织的质量管理体系是否符合 ISO 9001 标准的要求。

纠正措施：如果初次审核中发现问题，组织需要制定纠正措施，并在认证机构的监督下进行改进。

再认证：经过初次审核后，认证机构进行再认证，确认组织的质量管理体系已符合 ISO 9001 标准。

监督审核：认证机构将定期进行监督审核，以确保组织的质量管理体系持续符合标准。

定期复审：ISO 9001 认证通常每三年进行一次定期复审，以确认组织的质量管理体系仍然有效。

3. 优势和作用

市场竞争力提升：ISO 9001 认证是国际上广泛认可的质量管理标准，获得认证有助于提升组织在市场上的竞争力。

顾客信任和满意度提高：认证表明组织致力于提供高质量的产品或服务，增强了顾客的信任和满意度。

内部效率提升：质量管理体系的建立和维护有助于组织内部的流程优化和效率提升。

持续改进：ISO 9001 标准强调持续改进的原则，通过认证，组织被激励不断追求卓越和提高绩效水平。

国际市场准入：在一些国际贸易中，ISO 9001 认证是进入某些市场的准入条件，对于开拓国际业务有积极影响。

质量管理体系认证是组织在质量管理方面的一种重要的外部认可，对于提高产品或服务质量、满足客户需求、提高组织效率等方面都具有积极作用。

（五）BIM 标准

BIM 标准是当今建筑领域中的一项重要举措，旨在推动数字化转型、提高效率和协同性，并为建筑生命周期的各个阶段提供一致、可靠的信息。BIM 标准不仅是一组技术规范，更是一个综合性的框架，涵盖了数据管理、信息交换、协同工作流程等多个方面。以下是对 BIM 标准的详细探讨。

BIM 标准的核心之一是数据格式和信息交换协议。在建筑项目中，涉及各种各样的信息，包括设计图纸、材料规格、施工计划等。BIM 标准规定了统一的数据格式，确保不同软件和工具之间能够顺利地交换和共享数据。这有助于打破信息孤岛，减少因数据不一致而导致的错误和延误。同时，BIM 标准还规定了信息交换的协议，确保数据的准确传递，使得各个参与方都能够基于同一套数据进行工作，提高协同效率。

BIM 标准关注模型构建的规范。建筑信息模型是 BIM 的核心，它是一个包含建筑设计、施工和运营信息的数字表示。BIM 标准定义了模型的构建方式，包括对象的分类、属性的定义、模型的层次结构等。这不仅使得不同项目之间的模型能够一致可比，还为模型的可视化、分析和管理提供了基础。通过规范模型的构建，BIM 标准为建筑行业提供了一个通用的信息交流平台，促进了各个参与方之间的合作与沟通。

BIM 标准还强调协同工作流程。建筑项目涉及众多专业领域，包括建筑设计、结构工程、机电工程等。BIM 标准鼓励不同专业的参与方在一个统一的数字环境中协同工作。通过统一的数据标准和工作流程，各个专业能够更加紧密地协同合作，减少信息传递中的误差和失误。这种协同工作流程不仅提高了项目的质量，还加快了项目的进度，降低了成本。

BIM 标准还关注建筑生命周期的全方位支持。传统上，建筑项目的不同阶段存在信息断层，导致设计理念在建造和运营阶段难以得到贯彻。BIM 标准通过规范信息的传递和管理，使得设计阶段的信息能够顺利地传递到建造和运营阶段。这不仅有助于保持设计意图的一致性，还为建筑设施的运营和维护提供了可靠的数据支持，延长了建筑的使用寿命。

在实际应用中，BIM 标准已经取得了显著的成就。越来越多的建筑项目采用 BIM 标准，从而实现了更高效、更精确的设计和施工过程。同时，BIM 标准也推动了建筑行业的数字化转型，促使相关企业更新技术、提升管理水平。在国际上，许多国家和地区都已经制定了相应的 BIM 标准，并将其纳入建筑行业的法规和标准体系中。

要实现 BIM 标准的全面推广，仍然面临一些挑战。建筑行业的参与方众多，涉及的专业领域复杂，推动所有参与方都采用 BIM 标准需要一定的时间和努力。技术的更新和变革也是一个挑战，因为 BIM 标准需要与不断发展的技术相适应。此外，隐私和安全问题也是一个需要认真考虑的方面，特别是在涉及大量敏感信息的建筑项目中。

综合而言，BIM 标准是推动建筑行业数字化转型的关键工具之一。通过规范数据格式、模型构建和协同工作流程，BIM 标准提高了建筑项目的效率、协同性和可持续性。然而，要实现 BIM 标准的全面应用，需要各方共同努力，克服技术、管理和安全等方面的挑战，推动建筑行业朝着更加智能、高效的方向发展。

（六）质量管理在不同阶段的标准与规范

质量管理涵盖了建筑项目的整个生命周期，从规划和设计到施工和运营。因此，不同阶段有着特定的标准与规范。

设计阶段：在设计阶段，建筑师和设计团队需要遵循国家和地区的建筑设计规范，确保设计方案满足建筑法规和安全标准。同时，BIM 标准在设计协同和信息管理方面发挥着关键作用。

施工阶段：在施工阶段，建筑公司需要遵循国家建筑施工法规和标准。相关的 ISO 标准和国家标准规定了施工过程中的质量管理要求，包括工程质量控制、材料质量标准等。

验收阶段：建筑工程验收需要遵循国家建筑工程验收标准。这些标准规定了验收的程序、标准和要求，确保建筑项目的质量符合预期标准。

运营与维护阶段：在建筑项目投入使用后，运营与维护阶段需要遵循相关的设备维护标准、建筑设施管理标准，以保证建筑设施的长期可持续运营。

建筑质量管理行业标准与规范是确保建筑项目质量的关键工具。这些标准和规范通过提供具体的质量管理要求和指南，为建筑行业的各个参与方提供了一个共同的基准。通过全球和国家层面的标准，建筑行业能够更好地实现跨国合作，提高建筑质量、安全性和可持续性。

随着技术的不断发展，建筑质量管理标准与规范也在不断更新。BIM、智能建筑技术、大数据分析等新兴技术将进一步影响和丰富建筑质量管理的标准体系。建筑行业需要不断关注新的标准和规范的制定，以适应日益复杂的建筑环境，确保项目能够达到更高的质量水平。

第二节 QFD 方法概述

一、QFD 的起源与演进

QFD 是一种质量管理和产品开发的方法，旨在将客户需求转化为产品或服务的具体特征。QFD 的起源可以追溯到 20 世纪 50 年代，发展至今已经成为质量管理领域中一种广泛应用的方法。本书将对 QFD 的起源、发展历程，以及其在不同领域的应用进行详细探讨。

（一）QFD 的起源

QFD 起源可以追溯到 20 世纪 60 年代和 70 年代的日本。QFD 的发展始于日本的汽车制造业，特别是丰田汽车公司。以下是 QFD 的起源和发展的简要历史。

日本的起源：QFD 最初由日本的质量专家和工程师石井宏于 1966 年提出。石井宏是丰田汽车公司的研究员，他提出了一种方法，旨在将顾客的需求直接转化为产品设计的特定功能和特征。最初，这个方法被称为“质量展开”，后来发展为现在熟知的 QFD。

汽车行业的应用：QFD 最早在丰田汽车公司得到应用，用于提高新产品的设计质量。这个方法的初衷是为了确保产品设计不仅满足技术规格，还要充分考虑顾客的期望和需求。

公开发表：QFD 的关键理念和方法于 1972 年首次在国际会议上被公开发表。此后，石井宏和其他研究人员在 20 世纪 70 年代末和 80 年代初，将 QFD 的理念和方法详细介绍和推广，使其逐渐在其他行业和国家得到认可。

推广至其他领域：1983 年，QFD 首次引入美国，随后得到了美国和其他国家的广泛关注。在引入的过程中，QFD 的理念逐渐演变，不仅应用于产品设计，还被推广到服务业、软件开发等各个领域。

发展和演变：随着时间的推移，QFD 不断发展和演变。不同的 QFD 版本和变种出现，以适应不同行业和组织的需求。人们逐渐认识到，QFD 不仅是一个产品设计工具，还可以用于组织的整体质量管理和战略规划。

总体而言，QFD 的起源可以追溯到日本的汽车制造业，特别是丰田汽车公司。它是一种将顾客需求直接转化为产品设计特征的方法，旨在确保产品设计充分满足市场需求，并在全球范围内取得了广泛应用。

（二）QFD 的发展历程

QFD 的发展历程可以追溯到 20 世纪 60 年代，主要源于日本的汽车制造业，尤其是丰田汽车公司。以下是 QFD 的主要发展历程。

1. 20 世纪 60 年代：起源于丰田汽车公司

QFD 的发展始于 1966 年，由日本的质量专家和研究员石井宏首次提出。

最初的目标是将顾客需求与产品设计直接关联，确保产品设计不仅满足技术规格，还能够满足市场需求。

2. 20 世纪 70 年代初：QFD 的初次应用

QFD 首次在丰田汽车公司应用，主要用于提高新产品的设计质量。

QFD 被用来建立一个系统，将客户的声音传递到产品设计和制造的各个阶段。

3. 1972 年：QFD 首次公开发表

QFD 的关键理念和方法于 1972 年首次在国际会议上被公开发表。

这标志着 QFD 开始从日本走向国际，得到更广泛的认知。

4. 20 世纪 80 年代：引入美国和其他国家

QFD 在 1983 年首次引入美国，之后得到了美国和其他国家的广泛关注和应用。

在引入的过程中，QFD 逐渐演变为不仅仅是产品设计工具，还涵盖了服务业、软件开发等不同领域。

5. 20 世纪 80 年代末至 20 世纪 90 年代初：全球应用和不断发展

在这一时期，QFD 在全球范围内得到广泛应用，并且逐渐发展出不同的变种和改进版本。

QFD 的应用逐渐从产品设计领域扩展到了整体质量管理、战略规划等方面。

6. 2000 年至今：持续演进和应用

QFD 在不同行业和组织中持续演进和应用，不断适应新的管理理念和技术进步。

与其他质量管理和项目管理方法结合，QFD 为组织提供了更全面的质量管理解决方案。

总体而言，QFD 经历了从起源于日本汽车制造业到逐渐在国际范围内推广的过程。它从最初的产品设计工具发展为一个全面的质量管理方法，对于将客户需求转化为实际产品和服务设计仍然具有重要意义。QFD 的发展历程反映了其不断适应和满足不同产业和组织需求的能力。

（三）QFD 的基本原理和方法

QFD 旨在确保产品或服务的设计和生产过程能够充分满足客户的需求。QFD 的基本原理和方法包括以下几个方面。

顾客需求的获取：QFD 的起点是从顾客的角度出发，明确客户的需求和期望。这一过程通常通过面对面的访谈、调查、市场研究等手段进行。这些顾客需求可能包括功能性需求、性能要求、可靠性要求等，同时也可能包括一些非技术性的期望，如品牌形象、售后服务等。

需求的层次化和组织：QFD 将获取的顾客需求进行层次化和组织，以建立起需求的体系结构。通常，需求按照不同的层次进行分类，分为顶层需求（通常是客户的期望）、中层需求、底层需求等。这有助于清晰地了解不同层次需求之间的关系。

质量屋的构建：质量屋是 QFD 的核心工具，用于将顾客需求转化为产品设计要素。它是一个矩阵状的图表，将顾客需求、产品特性和相互关系，以及相对重要性进行了整合。在质量屋中，各个需求和设计要素之间的关系通过一系列的矩阵和图形展示，使得团队可以直观地了解需求间的优先级和关联度。

技术特性的确定：在质量屋的基础上，团队开始确定与产品或服务相关的技术特性。这些技术特性是为了满足顾客需求而必须进行考虑和实施的工程和设计方面的要素。通常，这个过程需要工程师和设计师具有较丰富的专业知识。

相对重要性的评估：在质量屋中，需要评估不同设计要素对顾客需求的相对重要性。这一过程可以通过各种数学方法，如加权平均、成对比较等来实现。评估结果有助于确定在设计和开发过程中应该重点关注的方面。

优化和改进：QFD 的过程并非一次性的，而是需要不断的优化和改进。根据评估结果，团队可以调整技术特性的设定，重新评估相对重要性，以确保设计和开发的过程能够最大程度地满足顾客需求。

QFD 方法强调了团队合作和系统性的思考，使得设计和开发过程更加客户导向。通过将客户需求贯穿于整个产品或服务的设计和开发过程，QFD 有助于提高产品的质量，降低开发过程中的错误和调整成本。

（四）QFD 的应用领域

制造业：QFD 最早应用于制造业，特别是汽车制造业。通过 QFD，制造企业能够更好地将顾客需求转化为产品设计和制造的要求，提高产品质量和市场竞争力。

服务业：QFD 在服务业的应用也逐渐增多，如银行、餐饮、医疗等领域。通过 QFD，服务提供商能够更好地理解客户需求，优化服务流程，提高客户满意度。

软件开发：在软件开发领域，QFD 被用于将用户需求转化为软件功能和设计要求。这有助于确保开发的软件更好地满足用户期望。

建筑和工程项目：QFD 在建筑和工程项目中的应用越来越广泛。通过 QFD，项目团队可以更好地理解业主和利益相关者的需求，将这些需求转化为建筑设计和施工过程中的具体要求。

创新和新产品开发：QFD 也被广泛应用于创新和新产品开发。通过在早期阶段考虑顾客需求，企业能够更加有效地开发出市场需要的创新产品。

（五）QFD 的挑战与未来发展趋势

尽管 QFD 在质量管理和产品开发领域取得了显著的成功，但仍然面临一些挑战，同时也面对着新的发展趋势。

复杂性管理：随着产品和服务的复杂性增加，QFD 的实施变得更为复杂。管理大量的需求和特性之间的关系可能会变得困难，需要更先进的工具和技术。

全球化：在全球化的环境中，企业面临着来自不同文化、不同市场的多样化需求。QFD 需要适应不同地区和不同群体的差异，以确保产品和服务的国际市场竞争力。

数字化和智能化：随着数字化和智能化的发展，QFD 也需要与新技术相结合。大数据分析、人工智能等技术的应用可以提供更精确的需求分析和预测。

整体质量管理：QFD 通常作为整体质量管理的一部分，但未来可能需要更加紧密地与 TQM 和其他质量管理方法集成，以构建更为完善的质量管理体系。

生命周期管理：随着对可持续性和生命周期成本的关注增加，QFD 可能会更加强调产品和服务整个生命周期的管理，包括设计、生产、使用和废弃阶段。

质量功能展开作为一种质量管理和产品开发的方法，从其起源至今经历了长足的发展。始于 20 世纪 50 年代的日本，QFD 通过将顾客需求转化为产品设计和制造的具体要求，为企业提供了一种系统的方法。

QFD 的发展历程从最初的质量表格法到现代的全球化应用，不仅在制造业，还在服务业、软件开发、建筑和工程项目等领域取得了广泛成功。

然而，QFD 仍然面临着挑战，包括复杂性管理、全球化需求的多样性、数字化和智能化的发展等。在未来，QFD 可能需要不断创新和适应新的技术、新的管理理念，以应对不断变化的市场和行业环境。作为整体质量管理的一部分，QFD 将继续在提高产品和服务质量、满足客户需求方面发挥关键作用。

二、QFD 的基本原理与应用领域

（一）QFD 的基本原理

QFD 基本原理涵盖了客户导向、跨功能协同和系统化思考等方面。

1. 客户导向

QFD 的核心原理之一是客户导向。起点是从顾客的角度出发，以确保最终的产品或服务能够满足客户的需求和期望。通过系统性地获取、分析和组织客户需求，QFD 确保设计和开发过程是以最终用户的满意度为导向的。这种客户导向的思想贯穿整个 QFD 的实施过程，从需求的获取到产品特性的确定，再到最后的优化和改进。

2. 需求层次化和组织

QFD 将客户需求进行层次化和组织，以建立起需求的体系结构。通过明确不同层次的需求，如顶层需求、中层需求、底层需求等，QFD 有助于团队更清晰地理解需求之间的关系和层次。这种层次化的组织有助于建立一个系统性的框架，使得不同层次的需求能够在设计和开发中得到充分考虑。

3. 质量屋的构建

质量屋是 QFD 的核心工具，用于将顾客需求转化为产品设计要素。这一工具以矩阵状的图表展示，将顾客需求、产品特性、相互关系和相对重要性有机地整合在一起。通过质量屋，团队能够直观地了解不同需求和设计要素之间的关系，帮助确定设计的优先级和方向。

4. 技术特性的确定

在质量屋的基础上，团队开始确定与产品或服务相关的技术特性。这些技术特性是为了满足顾客需求而必须进行考虑和实施的工程和设计方面的要素。团队需要充分运用专业知识和技能，确保所选取的技术特性能够实现对应的设计要素。

5. 相对重要性的评估

QFD 要求对不同设计要素对顾客需求的相对重要性进行评估。通过采用数学方法，如加权平均、成对比较等，团队能够量化地评估每个设计要素的相对重要性。这有助于确定在设计和开发过程中应该重点关注的方面，确保资源的有效利用。

6. 优化和改进

QFD 的过程并非一次性的，而是需要不断的优化和改进。根据评估结果，团队可以灵活地调整技术特性的设定，重新评估相对重要性，以确保设计和开发的过程能够最大程度地满足顾客需求。这个循环的过程使得 QFD 适应于不断变化的市场和技术环境。

（二）QFD 的应用领域

QFD 最初在汽车制造业得到了应用，但它的适用范围远远不止于此。以下是 QFD 的主要应用领域。

1. 产品设计与开发

QFD 最典型的应用领域之一是产品设计与开发。通过将客户需求转化为明确的设计要素和技术特性，QFD 确保产品的设计过程是基于客户期望的。这有助于提高产品的质量，减少设计中的错误和不必要的调整。

2. 服务行业

QFD 也在服务行业得到广泛应用。无论是新服务的设计还是现有服务的改进，QFD 都能够帮助团队更好地理解客户需求，提高服务的质量和满意度。例如，在酒店业、医疗服务等领域都可以应用 QFD 来优化服务流程和提升服务品质。

3. 软件开发

在软件开发领域，QFD 可以帮助团队更好地理解用户需求，明确软件功能和性能方面的要求。通过将用户需求转化为明确的功能特性，QFD 有助于提高软件的用户体验和功能完备性。

4. 战略规划

QFD 的原理也可以应用于组织的战略规划。通过将组织的战略目标与各个部门和业务单元的活动相联系，确保各项活动都是有针对性地支持战略目标的。这种系统性的思考有助于提高组织的整体绩效。

5. 制造业和工程领域

除了汽车制造业以外，QFD 在其他制造业和工程领域也有广泛的应用。它可以用于优化生产过程，提高制造效率，减少资源浪费。在工程项目中，QFD 有助于将客户需求融入工程设计和施工计划中，确保项目成功地满足了客户的期望。

6. 质量管理体系

QFD 的原理也可以在建立和改进质量管理体系方面发挥作用。通过将关键绩效指标与顾客需求关联起来，组织可以更好地追踪和衡量其质量绩效，并采取相应的改进措施。

7. 新产品开发和创新

QFD 对于新产品开发和创新也是一个强大的工具。通过深入了解市场需求和趋势，将创新和研发活动与客户需求有机结合，可以帮助企业开发出更具市场竞争力的新产品。

8. 环境可持续性

在追求可持续性的时代，QFD 也可以用于评估和优化产品或服务的环境影响。通过将环境可持续性目标纳入 QFD 的考量，企业可以设计出更环保、资源利用更高效的产品或服务。

9. 团队合作与沟通

QFD的应用还能够促进跨部门、跨团队的合作与沟通。在QFD的实施过程中，来自不同专业领域的团队成员需要共同参与，从而实现了跨职能协同工作的目标。

10. 持续改进和学习

QFD的循环性质使其成为持续改进的工具。通过不断优化设计、技术特性和相对重要性的评估，组织能够实现产品、服务和流程的不断优化，适应市场变化，持续提高绩效。

质量功能展开既有丰富的理论体系，又有广泛的应用领域。其基本原理通过将客户需求转化为实际产品或服务的设计要素，确保了整个过程是客户导向的、系统性的、可持续改进的。QFD的应用领域涵盖了产品开发、服务行业、软件开发、战略规划等多个领域，为企业和组织提供了一个全面优化和提高绩效的工具。在日益复杂和变化迅速的商业环境中，QFD的原理和方法将继续为组织创造价值、促进创新、提高客户满意度做出重要贡献。

第三节　建筑质量管理与QFD关联

一、QFD在建筑质量管理中的引入背景

（一）建筑行业面临的挑战

建筑行业作为一个关键的经济部门，面临着多方面的挑战，这些挑战影响着行业的发展、可持续性和创新。以下是建筑行业面临的一些主要挑战。

1. 可持续建筑和绿色技术

挑战：建筑行业在全球温室气体排放中扮演着重要角色。因此，可持续建筑和绿色技术的采用成为迫在眉睫的任务。然而，可持续建筑的初期投资

较高，对于一些企业来说可能是一个经济负担。

应对：推动绿色建筑标准、政府激励政策和技术创新，以降低可持续建筑的成本，提高其在市场上的竞争力。

2. 数字化转型

挑战：建筑行业迎来数字化转型的时代，但采用新技术和流程仍然面临一些困难。BIM 的应用虽然有利于提高效率和协同作业，但其实施需要员工接受新技能和公司采用新的工作流程。

应对：提供培训机会，推动行业标准的制定，鼓励企业采用 BIM 和其他数字技术。

3. 人才短缺和工程师技能

挑战：建筑行业面临工程师和技术人才的短缺，特别是在数字技术、可持续设计和新材料方面的专业人才。

应对：提供更多的培训机会，制定吸引人才的政策，鼓励年轻人加入建筑和工程领域。

4. 成本压力和利润边际

挑战：建筑项目的成本常常受到原材料价格波动、人工成本上升等多方面因素的影响，同时行业的利润边际相对较低。

应对：精细化项目管理，采用先进的成本估算技术，探索更高效、更经济的建筑方法，以提高项目的盈利能力。

5. 法规和规范变更

挑战：不断变化的法规和规范对建筑行业提出了新的要求，可能导致项目变更、额外的成本和更复杂的合规性问题。

应对：与政府部门和监管机构保持紧密联系，及时了解并适应新的法规变化，制定相应的合规策略。

6. 全球供应链问题

挑战：全球范围内的供应链问题，如原材料短缺、运输困难等，给建筑项目的进度和成本带来了不确定性。

应对：多元化供应链，减少对单一地区的依赖，优化物流和运输策略。

7. 复杂的项目管理

挑战：大型建筑项目涉及多个利益相关方、各种技术和专业领域，其复杂性常导致项目超预算和超时。

应对：引入先进的项目管理工具，加强团队协作，采用先进的项目管理方法，提前发现和解决问题。

8. 社会和文化影响

挑战：社会和文化变革对建筑行业提出新的要求，如更具环保性、社区友好性的建筑，以及满足不同文化背景需求的设计。

应对：鼓励创新设计，注重社会责任，与当地社区和文化保护组织密切合作，确保建筑项目与周围环境融洽。

9. 风险管理

挑战：建筑项目面临各种风险，包括天灾、技术问题、合同纠纷等，这些风险可能对项目的安全性、进度和预算造成严重影响。

应对：制定全面的风险管理计划，采用先进的风险评估工具，确保对各种风险的有效管理和预防。

10. 可视化和沟通

挑战：复杂的设计和技术信息在不同利益相关方之间的传递和沟通可能存在障碍，导致误解和决策偏差。

应对：引入更先进的可视化工具，如虚拟现实（VR）和增强现实（AR），以促进更直观、有效的沟通。

这些挑战构成了建筑行业发展的动力和障碍。通过创新、技术应用、合作和更高效的管理方法，建筑行业可以应对这些挑战，并取得更为可持续和成功的发展。

（二）QFD 的基本原理与建筑质量管理的结合

顾客导向：QFD 的核心理念是以顾客为导向，将顾客的需求置于设计和施工的中心。在建筑质量管理中，满足业主和最终用户的期望至关重要。通过 QFD，建筑团队可以更全面地了解并转化这些需求，确保设计和施工过程符合用户期望。

战略层面：在建筑领域，项目的战略层面涉及从规划到建设的全过程。QFD 的战略层面帮助建筑团队在项目初期就明确质量目标，并确保这些目标贯穿整个建筑生命周期。

产品层面：在建筑质量管理中，产品即为建筑物本身。QFD 的屋久田矩阵可以被用于将用户需求与建筑设计特性相对应，确保每一个设计要素都直接服务于用户的期望。

制程层面：建筑项目的制程层面涵盖了从设计到施工的整个过程。通过 QFD 的制程矩阵，建筑团队可以将设计要求与具体的施工流程相对应，确保设计的质量在施工中得到保障。

持续改进：建筑质量管理需要不断迭代和改进，以适应项目变化和市场的发展。QFD 的持续改进原理与建筑项目的动态性相契合，通过不断收集用户反馈、监测施工过程，使建筑团队能够不断提升项目的整体质量水平。

（三）QFD 在建筑质量管理中的应用框架

关键因素识别与重要性分析：使用 QFD，建筑团队可以系统地识别和分析项目中的关键因素。这包括从用户需求到建筑设计特性的全过程，确保关注度最高的因素能够得到优先考虑。

QFD 在建筑质量管理中的定位：QFD 在建筑项目中的定位是整体的、贯穿项目全生命周期的。它不仅是在设计阶段使用，还可以在施工、验收、运营等阶段持续发挥作用，确保项目质量的全面管理。

QFD 应用流程与步骤：QFD 的应用流程包括需求收集、需求分析、屋久田矩阵的构建、交叉矩阵的建立、制程矩阵的设计等步骤。这一流程可以在建筑项目的各个阶段得到应用，确保项目的一贯性和全面性。

QFD 在团队协作中的作用：建筑项目通常涉及多个专业领域的团队协

作，QFD 可以作为一个集成工具，促进各个团队之间的有效沟通和合作，确保每个专业领域的需求都被充分考虑到。

QFD 在不同项目规模中的适用性：不同规模的建筑项目可能面临不同的挑战和需求。QFD 的灵活性使其适用于各种项目规模，从小型住宅到大型商业综合体，都可以通过调整和定制 QFD 的应用，满足不同项目的特殊需求。

（四）建筑质量管理中的关键指标与评价体系

关键指标的选择与界定：使用 QFD，建筑团队可以在早期确定关键的质量指标，包括但不限于结构安全、施工工艺、材料选择等。这些关键指标直接与用户需求相联系，确保设计和施工的焦点符合用户期望。

QFD 方法在建筑质量管理中的指标体系建设：QFD 的方法可以被用于建立全面的指标体系，涵盖建筑项目的方方面面。这包括从技术指标到客户满意度的全方位考虑，以确保项目在各个维度上都能够取得良好的质量表现。

绩效评价与持续改进：QFD 的持续改进原理与建筑质量管理中的绩效评价相辅相成。通过设立定期的绩效评估机制，建筑团队可以监测项目的质量表现，发现问题并进行及时的调整和改进，以确保项目不断提高质量水平。

客户需求与满意度管理：QFD 的核心在于理解和转化客户需求，建筑质量管理中也同样注重客户满意度。通过 QFD，建筑团队可以更好地理解业主和最终用户的期望，确保项目不仅满足基本要求，还能够提供额外的价值和满足用户的期望。

环境与可持续性考量：在当今社会，可持续性已经成为建筑质量管理中一个不可忽视的方面。QFD 可以被用于建立与可持续发展目标相符的指标体系，确保建筑项目在环保和可持续性方面取得良好的表现。

建筑质量管理中的风险评估：QFD 可以用于风险评估，帮助建筑团队在项目早期发现潜在的问题和风险。通过将风险因素纳入 QFD 的分析中，建筑团队可以在设计和施工前就采取相应的措施，降低项目的风险水平。

（五）建筑质量管理中的问题与挑战

QFD 在建筑质量管理中的限制与挑战：尽管 QFD 在建筑质量管理中带来了诸多好处，但也存在一些限制与挑战。其中之一是 QFD 过程的复杂性，需要建筑团队具备一定的专业知识和培训。此外，建筑项目的多样性也使得 QFD 的应用需要灵活性和定制化。

行业发展趋势与新挑战：建筑行业一直在不断发展，新的技术、新的设计理念和新的管理模式不断涌现。建筑团队需要及时了解并适应这些发展趋势，以确保 QFD 在不断变化的行业中保持有效。

QFD 应对建筑质量管理变革的策略：随着建筑质量管理理念的不断演进，QFD 需要灵活地应对变革。建筑团队应该具备及时调整 QFD 方法和工具的能力，以适应新的管理模式和需求。

技术创新对建筑质量管理的影响：技术创新对建筑行业产生了深远的影响，例如，建筑信息模型、智能建筑等。QFD 需要与这些新技术相融合，以更好地支持建筑质量管理的现代化。

跨文化环境中的建筑质量管理挑战：建筑项目常常涉及不同文化和地域的合作。跨文化环境中，QFD 的应用需要更加灵活和敏感，以确保不同文化背景下的需求能够得到充分考虑。

未来建筑质量管理中的新问题：随着社会的不断发展和变化，建筑质量管理将面临新的问题和挑战。这可能包括更加严格的环保要求、更高的可持续性标准等。QFD 需要与时俱进，以解决这些新问题。

（六）可持续性与绿色建筑质量管理

可持续性理念与建筑质量：可持续性理念强调在满足当前需求的同时，不损害未来世代的能力满足其需求。在建筑质量管理中，可持续性要求建筑项目的设计、建设和运营都要考虑对环境的影响、社会责任，以及经济效益。

绿色建筑质量管理的重要性：绿色建筑致力于通过最小化资源消耗、减少对环境的负面影响、提高室内环境质量等手段，实现建筑的可持续发展。在绿色建筑质量管理中，强调的是对可再生能源的利用、材料的环保性、节水和能源效率等方面的要求。QFD 可以为绿色建筑项目提供系统性的管理工具，确保这些要求在整个项目周期内得到充分考虑。

QFD 在绿色建筑中的应用：QFD 的方法可以被广泛应用于绿色建筑项目。在屋久田矩阵中，可以将绿色建筑的各项要求与设计和施工的具体要素相对应，确保每个要素都符合绿色建筑的标准。交叉矩阵可以用于分析不同要素之间的关系，确保它们在整个系统中协调一致。通过 QFD，绿色建筑团队可以更加有针对性地管理项目，使其符合可持续性和绿色发展的要求。

环保与社会责任在建筑质量管理中的体现：在建筑质量管理中，环保和社会责任已经成为越来越重要的考虑因素。QFD 的核心原理之一是顾客导向，而现代社会对于企业的社会责任要求越来越高，包括建筑行业。QFD 可以帮助建筑团队充分考虑环保和社会责任的因素，确保项目不仅在技术和经济层面达到标准，同时也符合社会的期望。

新材料与绿色技术对建筑质量的影响：随着科技的不断进步，新材料和绿色技术对建筑质量管理产生了深远的影响。QFD 可以帮助建筑团队评估和选择最适合项目的新材料和绿色技术，确保它们符合项目的需求并对环境产生最小的负面影响。

（七）建筑质量管理历史演变与发展趋势

建筑质量管理的起源：建筑质量管理的历史可以追溯到古代建筑时期，当时主要通过工匠的技艺传承来保证建筑的质量。随着建筑规模和复杂性的增加，人们开始意识到需要更系统的方法来管理建筑质量。

质量管理体系的形成：20 世纪初，工业化的进程带动了建筑业的发展，建筑项目变得更为庞大和复杂。质量管理体系逐渐形成，包括了对材料、工艺和工程实施的管理，但这还不够系统和科学。

质量管理理念的变革：在 20 世纪后半叶，质量管理理念经历了变革。日本企业在质量管理上取得显著成功，引入了许多先进的管理方法，包括质量功能展开。

QFD 在建筑质量管理中的应用：随着 QFD 在制造业和服务业的成功应用，建筑业开始意识到 QFD 作为一种系统性的管理方法，在建筑质量管理中的潜在价值。QFD 的原理和工具逐渐被引入到建筑项目中，为提高建筑质量提供了新的思路和方法。

发展趋势：未来建筑质量管理的发展趋势将更加注重可持续性和绿色建筑，更加关注数字化和智能化技术的应用。QFD 作为一个适应性强、系统性强的方法，将继续在建筑质量管理中发挥重要作用。同时，建筑团队需要不断学习和创新，以适应不断变化的行业环境和社会需求。

（八）建筑质量管理的关键概念

质量管理：质量管理是一种系统性的方法，旨在通过规划、控制和改进过程，确保产品或服务符合特定的质量标准和顾客需求。

QFD：QFD 是一种质量管理工具，旨在将顾客需求转化为产品或服务的设计要求，确保设计的质量与顾客期望一致。

顾客导向：顾客导向是一种管理理念，强调将顾客需求置于企业活动的核心地位，确保产品或服务能够满足顾客的期望。

可持续性：可持续性是指在满足当前需求的同时，不损害未来世代满足其需求的能力。在建筑质量管理中，可持续性要求项目在设计、建设和运营中考虑对环境和社会的长远影响。

绿色建筑：绿色建筑是一种注重资源节约、环境友好和能源效率的建筑方式。绿色建筑在设计和施工过程中采用创新技术和材料，以最小化对环境的负面影响。

屋久田矩阵：屋久田矩阵是 QFD 的核心工具之一，用于将顾客需求与产品或服务的设计特性相对应。在建筑质量管理中，屋久田矩阵帮助团队明确项目目标，并确保设计和施工过程中满足这些目标。

交叉矩阵：交叉矩阵是 QFD 中用于分析不同要素之间关系的工具。在建筑质量管理中，交叉矩阵有助于建立各个设计要素之间的关联性，确保设计的全面性和一致性。

持续改进：持续改进是质量管理的基本原则之一，强调通过不断的反馈和调整，使产品或服务的质量不断提升。在建筑质量管理中，持续改进有助于项目适应变化的需求和环境。

（九）建筑质量管理行业标准与规范

ISO 9001：ISO 9001 是一种国际通用的质量管理体系标准，适用于各种类型和规模的组织。在建筑质量管理中，采用 ISO 9001 可以帮助建筑团队建立和维护有效的质量管理体系，提高项目管理的标准化水平。

ISO 14001：ISO 14001 是一种国际环境管理体系标准，旨在帮助组织管理和改善其环境绩效。对于建筑行业，特别是在绿色建筑项目中，采用 ISO 14001 有助于确保项目对环境的影响得到有效控制。

LEED 认证：LEED 是一种国际上广泛使用的绿色建筑认证系统。LEED 认证通过评估建筑项目的设计、施工和运营，确保其在能源效率、水资源利用、室内环境质量等方面符合绿色建筑的标准。

国家建筑工程质量安全监督检测中心标准：在中国，国家建筑工程质量安全监督检测中心发布了一系列建筑工程相关的质量管理标准和规范，用于指导和监督建筑项目的施工和管理。

建筑质量安全标准体系：建筑质量安全标准体系是我国建筑业领域的一项标准工作，通过明确建筑工程的质量和安全标准，对建筑工程进行全面管理和监督。

BIM 标准：BIM 是一种数字化的建筑设计和施工方法，对建筑质量管理产生了深远的影响。相关的 BIM 标准和规范有助于确保建筑团队在 BIM 的应用中能够达到一致的质量水平。

（十）QFD 的起源与演进

起源：QFD 最早起源于 20 世纪 60 年代的日本，由质量专家宫本锦一郎提出。最初，QFD 是为了应对制造业中产品质量控制的需求而产生的。

演进：随着时间的推移，QFD 逐渐演进为一种更为综合的质量管理方法，不仅应用于产品设计，还应用于服务业、软件开发、项目管理等领域。其演进包括方法学的不断完善和工具的不断丰富。

现代应用：当前，QFD 已经成为一种全球性的质量管理工具，广泛应用于各个行业。在建筑质量管理中，QFD 作为一个系统性的方法，有助于将顾客需求转化为建筑设计和施工的实际要求，提高建筑项目的整体质量水平。

数字化时代的挑战：随着数字化时代的来临，QFD 需要适应新技术的发展，如大数据分析、人工智能等，以更好地支持建筑质量管理的现代化需求。

（十一）QFD 的基本原理与应用领域

顾客导向：QFD 的核心原则是顾客导向，即将顾客的需求置于产品或服务设计的核心地位。在建筑质量管理中，这意味着确保建筑项目从设计到施工都能够满足最终用户的期望。

战略层面：QFD 在建筑质量管理中的战略层面主要体现在项目初期的规划和目标设定。通过 QFD，建筑团队可以在项目启动阶段明确质量目标，将其纳入整体战略规划，确保质量管理成为整个项目生命周期的重要组成部分。

产品层面：在建筑项目中，产品即为建筑物本身。QFD 的应用在产品层面体现为将用户需求与建筑设计特性相对应。通过屋久田矩阵，建筑团队可以确保每一个设计要素都直接服务于用户的期望，从而提高建筑的整体质量。

制程层面：建筑项目的制程层面涵盖了从设计到施工的整个过程。QFD 的制程矩阵可用于将设计要求与具体的施工流程相对应。这有助于确保设计的质量在施工中得到有效保障，提高项目整体的执行力和可控性。

持续改进：QFD 强调持续改进的原则，这与建筑质量管理中的迭代和优化过程相契合。通过不断收集用户反馈、监测施工过程，建筑团队能够不断改进项目，提高质量水平，并及时应对变化的需求。

团队协作：建筑项目通常涉及多个专业领域的团队协作，包括建筑设计师、结构工程师、施工团队等。QFD 可以作为一个集成工具，促进各个团队之间的有效沟通和合作，确保每个专业领域的需求都得到充分考虑。

不同项目规模的适用性：QFD 具有灵活性，适用于不同规模的建筑项目。从小型住宅到大型商业综合体，QFD 都可以通过调整和定制应用，满足不同项目的特殊需求。

二、建筑质量管理与 QFD 的理论契合点

建筑质量管理和 QFD 是两个在不同领域的管理工具，但它们在实践中的应用却有很多相似之处。建筑质量管理是建筑行业中确保项目达到预期标准的关键过程，而 QFD 则是一种系统的方法，用于将客户需求转化为产品或服务的设计特性。本书将探讨建筑质量管理与 QFD 之间的理论契合点，以及它们如何协同工作以提高建筑项目的质量。

1. 建筑质量管理的基本原理

建筑质量管理旨在确保建筑项目在设计、施工和交付阶段都达到高质量的标准。这包括对工程质量、安全性、可维护性和客户满意度等方面的全面关注。建筑质量管理的基本原理如下。

规划阶段的质量策划：在项目开始之初，需要明确定义项目的质量目标和标准。这包括确定客户需求、法规要求，以及其他相关的标准。

过程控制和监测：在整个项目过程中，需要不断监测和控制各个阶段的质量。这可以通过使用质量管理工具、检查和测试来实现。

纠正和预防措施：如果在项目执行过程中发现了质量问题，需要采取纠正和预防措施，以确保问题得到及时解决，并且不再发生。

2. QFD 的基本概念

QFD 的核心概念是将客户需求转化为产品或服务的具体设计特性，以确保最终的产品或服务能够满足客户的期望。QFD 包括以下基本步骤。

收集客户需求：通过各种方式，如市场调研、客户反馈等，收集和理解客户的需求。

将需求转化为设计特性：将收集到的客户需求转化为实际的设计特性，这些特性可以量化并在产品或服务的设计中进行考虑。

建立需求间的关系：确定不同客户需求之间的关系，以便更好地理解它们之间的权衡和优先级。

将设计特性转化为工程特性：将设计特性映射到实际的工程参数和流程中，确保它们在实际的制造或服务过程中能够被满足。

制定优先级：确定不同设计特性的优先级，以便在有限资源下进行决策和分配。

3. 建筑质量管理与 QFD 的理论契合点

客户导向：建筑质量管理和 QFD 都以客户需求为中心。建筑项目的成功不仅取决于技术规范的符合，还与业主和最终用户的期望密切相关。QFD 通过系统性的方法帮助将这些期望转化为具体的设计特性，从而确保建筑项目在满足技术标准的同时，也能够满足客户的期望。

质量目标的明确：建筑质量管理强调在项目规划阶段明确质量目标，而 QFD 正是为了帮助实现这一目标而设计的工具。通过 QFD，建筑项目团队可以更清晰地理解客户需求，并将其转化为明确的设计特性和质量目标。

综合性的质量考虑：建筑质量管理和 QFD 都促使项目团队从综合性的角度考虑质量。建筑项目的质量不仅仅是设计的问题，还涉及施工、材料选择、工程管理等多个方面。QFD 的方法可以帮助项目团队在整个项目生命周期中全面考虑质量，确保各个方面都得到有效的管理。

持续改进：建筑质量管理强调持续改进，QFD 也是一个支持持续改进的工具。通过不断收集客户反馈和项目数据，建筑团队可以利用 QFD 的原理来调整设计特性，以适应变化的需求和新的技术标准，从而提高项目的质量。

团队合作：在建筑项目中，不同专业的团队成员需要紧密协作，以确保项目的质量。QFD 的实施通常需要跨职能团队的参与，从而促进了不同专业领域之间的沟通和合作。

阶段性的质量规划：在建筑质量管理的规划阶段，QFD 的方法可以被整合用于识别和明确各个阶段的关键设计特性。通过与相关各方（如业主、设计师、施工团队）的合作，可以确保在项目计划中嵌入了客户需求，这与 QFD 的初衷相符。

交叉功能的团队参与：建筑项目通常需要多学科的专业知识。QFD 强调跨职能团队的合作，建立在团队中的共享理解基础上。这与建筑质量管理中需要不同专业领域之间的协同工作相一致。通过在 QFD 中引入不同领域的专业知识，可以确保质量目标在整个项目中得到全面考虑。

需求优先级的制定：在建筑质量管理中，项目团队必须处理来自不同方面的需求，这些需求可能存在冲突或权衡。QFD 的优势之一就是能够帮助团队确定需求的优先级。通过使用 QFD，建筑团队可以更系统地分析和比较各种需求，以制定明智的决策。

持续改进的机制：QFD 强调不断地收集反馈信息以进行改进。在建筑质量管理中，定期的检查和评估是确保项目按照预期质量标准进行的关键步骤。通过将 QFD 的反馈机制整合到建筑质量管理中，团队可以更灵活地适应变化的需求，提高项目的适应性。

风险管理：建筑项目存在许多潜在的风险，可能对质量产生影响。QFD 的方法可以用于识别潜在的风险，并在项目规划阶段采取相应的措施。这与建筑质量管理中的风险管理原则相一致，共同确保项目在面临变数时能够有效应对。

建筑质量管理和 QFD 虽然起源于不同的领域，但它们在提高项目质量方面有许多共同之处。通过将客户需求转化为具体的设计特性，并在整个项目生命周期中持续关注和改进这些特性，建筑团队可以更好地实现质量管理的目标。下面将更深入地讨论建筑质量管理与 QFD 的理论契合点，并强调它们的协同作用。

第二章　建筑质量管理理论基础

第一节　建筑质量管理基本理念

一、建筑质量的定义与特性

建筑质量是一个综合性概念，涵盖了建筑物的多个方面，从物理性能到用户体验，从结构安全到环境友好。对建筑质量的定义需要考虑多个角度，包括国际标准、不同利益相关者的期望和建筑行业的实际应用。

（一）建筑质量的概念

建筑质量是指建筑物或工程项目在设计、建造、维护和使用的全过程中，能够满足特定标准和预期功能的程度。这一概念涉及多个方面，包括结构的稳定性、功能的实现、材料的耐久性、施工工艺的合理性，以及最终用户的满意度等。以下是建筑质量的一些关键概念。

结构安全和稳定性：建筑质量的一个核心方面是确保建筑物的结构能够安全稳定地承受设计荷载，防止倒塌或结构失效。这包括对基础、框架、墙体、楼板等各个结构组件的设计和施工的合理性和合规性。

功能性能：建筑物被设计和建造的目的是满足一定的功能需求，如住宅、商业、工业或公共服务等。建筑质量要求建筑物在使用中能够有效地实现这

些功能，包括空间布局的合理性、设备设施的完善性等。

耐久性：建筑物需要具有足够的耐久性，能够在长时间内保持结构完整、外观良好，而不受自然环境、气候、使用方式等因素的过度影响。这涉及使用材料的选择、防水、防腐、防火等技术措施。

施工工艺和工程质量：施工过程中的质量直接影响到最终建筑的质量。施工工艺应当符合相关标准和规范，确保各个工程节点的合理连接，防止施工中的错误和缺陷。

可维护性和管理便利性：高质量的建筑物应当具有易于维护的特性，包括方便的维修、更换零部件的可能性，以及合理的设施管理和运营方案。

环境友好和可持续性：在当今社会，建筑质量的概念还应当考虑到对环境的影响。可持续建筑的理念强调使用环保材料、能源效率、废弃物管理等，以降低建筑对环境的负面影响。

用户满意度：用户满意度是建筑质量评估的重要标准之一。建筑物的最终用户，如住户、企业、公众等，对建筑的使用体验、舒适性、安全性等方面的满意度是建筑质量的一个直接体现。

法规合规性：建筑质量必须符合当地和国家的法规和建筑标准。这包括建筑设计规范、结构安全标准、防火规定等，确保建筑物在设计和施工中达到法定的质量要求。

总体而言，建筑质量不仅是建筑物的外在表现，还关系到建筑的结构、功能、安全、环保等多个方面。它是一个综合性的概念，要求建筑行业的各个参与者在整个建筑生命周期中持续关注和提高。

（二）国际标准对建筑质量的定义

国际上有多个组织和机构制定了关于建筑质量的标准和指南，其中最为广泛使用的是国际标准化组织的一系列标准。以下是一些国际标准中对建筑质量的定义和涉及方面的摘要。

ISO 9001：2015 质量管理体系：该标准是一种通用的质量管理体系标

准，适用于各种组织，包括建筑行业。ISO 9001：2015 对建筑质量的定义主要强调以下方面。

客户满意度：确保组织提供的产品或服务能够满足客户的需求和期望，建立有效的客户沟通机制。

领导力角色：强调组织领导层在质量管理中的角色，包括建立质量方针、确保质量目标的达成等。

过程方法：通过过程方法来管理组织的活动，以实现预期的结果。在建筑项目中，这意味着对设计、施工和维护等各个阶段的过程进行有效管理。

持续改进：强调组织应当不断寻求提高其质量管理体系的效能，并采取纠正和预防措施。

ISO 41001：2018 设施管理体系：该标准关注建筑和设施的管理，涵盖了建筑物的使用、维护和运营。

设施的适用性：设施管理体系应确保建筑物满足其设计用途，并且能够持续满足用户的需求。

资源管理：有效地管理设施所需的各类资源，包括人力、物资、设备等，以保证设施的运营和维护。

环境可持续性：关注设施的环保方面，包括能源效率、废物管理等。

ISO 19650 系列信息管理在建筑和土木工程中的应用：这一系列标准关注信息管理和 BIM 在建筑工程中的应用。

协同和合作：通过信息的共享和协同，确保建筑项目各个参与方之间的有效沟通和协作，有助于提高建筑质量。

数据质量：关注建筑信息的准确性、一致性和完整性，以确保项目中的决策基于高质量的数据。

这些标准强调了建筑质量管理需要系统性和全面性的考虑，涉及项目的各个阶段和各个方面。它们提供了一系列的指导原则，以帮助组织在建筑项目中实现高质量的设计、施工、运营和维护。

（三）建筑质量的多重视角

建筑质量的评估需要考虑多重视角，因为建筑项目涉及多个层面、各种利益相关方，以及项目的整个生命周期。以下是建筑质量的多重视角。

1. 设计视角

结构设计：评估建筑的结构设计是否满足安全和稳定的要求，包括抗震性能、荷载承受能力等。

功能性设计：考察建筑是否满足用户和业主的功能需求，包括空间布局、通风、采光等方面。

2. 施工视角

工程质量：着重关注施工过程中的质量管理，确保按照设计要求进行施工，材料的正确使用和施工工艺的规范执行。

安全标准：确保施工过程中遵循安全标准，以防止事故和伤害。

3. 用户和业主视角

满意度：用户满意度是建筑质量的重要指标，包括建筑的舒适性、便利性、使用感受等。

运营和维护：业主关心建筑的长期运营和维护，包括设备的可维护性、能源效率等。

4. 环境视角

可持续性：考察建筑的环保性，包括能源效率、使用环保材料、废物管理等，以减少对环境的负面影响。

生态影响：评估建筑对周围生态环境的影响，包括土地使用、生态系统的破坏等。

5. 法规和合规性视角

法规符合性：确保建筑项目符合当地和国家的法规和建筑标准，以避免潜在的法律问题。

建筑许可和审批：确保建筑项目取得了必要的许可和审批，符合相关法规要求。

6. 财务视角

成本控制：评估建筑项目在设计、施工和运营阶段的成本，并确保在预算范围内。

投资回报：业主和投资者关心建筑项目的长期投资回报，这与建筑的质量和性能密切相关。

7. 技术和创新视角

技术创新：评估建筑项目是否采用了最新的技术和创新，以提高建筑性能和效率。

数字化和 BIM：使用数字化技术和 BIM 等工具来提高设计和施工的效率，并确保信息的准确性。

8. 社会视角

社会责任：评估建筑项目对社会的影响，包括对社区的贡献、就业机会等。

文化和历史保护：对于具有文化和历史价值的建筑，需要考虑保护和维护这些特殊的方面。

综合考虑这些多重视角，可以更全面、系统地评估建筑质量，确保建筑项目在各个方面都达到预期的标准和期望。

（四）建筑质量的特性

建筑质量的特性涉及建筑项目的多个方面，包括设计、施工、维护和使用等各个阶段。以下是建筑质量的一些主要特性。

结构安全和稳定性：建筑的结构安全是建筑质量的基本特性。这包括确保建筑物能够安全地承受各种荷载，包括重力荷载、风荷载、地震荷载等。

功能性：建筑应当满足设计的功能需求。这包括空间布局、设备设置、通风、采光等方面的设计，确保建筑在使用中能够有效实现其预定功能。

耐久性：良好的建筑质量需要确保建筑物具有足够的耐久性，能够在长

期内保持结构的完整性和外观的良好状态，抵御自然和人为的侵害。

施工质量：施工阶段的质量是建筑项目成功的关键。这包括使用高质量的建筑材料、严格按照设计要求进行施工、合理的工程管理等。

设备和技术：确保建筑内部的设备和技术是先进、可靠且符合标准的，以提高建筑的性能和效率。

环境友好：现代建筑质量的特性之一是对环境友好。这包括使用可持续材料、能源效率、废物管理等方面的考虑，以减少对环境的负面影响。

安全性：建筑应当具有良好的安全性，包括在火灾、地震等紧急情况下的适当设施和设计，确保建筑物的居住和工作环境的安全。

维护便利性：良好的建筑质量要求建筑具有易于维护和管理的特性，包括设施的易修复性、易更换性，以及定期维护的方便性。

用户满意度：建筑的最终用户体验是一个关键的特性。用户满意度涉及建筑的舒适性、实用性、美观性等方面，直接关系到建筑是否能够满足用户的期望。

合规性：建筑质量要求项目符合相关法规和建筑标准，确保建筑在法律和行业规定的框架内运作。

创新和技术前沿：良好的建筑质量要求采用创新的设计和先进的技术，以适应社会、科技和市场的发展。

这些特性相互关联，综合考虑可以形成一个全面的建筑质量体系，确保建筑在设计、施工和使用的全过程中都具有高水平的质量。

（五）建筑质量管理

建筑质量管理是一种系统的、综合性的方法，旨在确保建筑项目的各个阶段都能够达到预期的质量标准。这一过程包括规划、设计、施工、验收、维护和使用等多个阶段。以下是建筑质量管理的主要方面。

1. 质量规划

目标设定：在项目开始阶段，明确定义建筑项目的质量目标，包括技术规范、法规要求和客户期望等方面。

质量策划：制定详细的质量策划，确定质量控制的方法、标准、流程和相关责任人员。

设计评审：对设计文件进行定期评审，确保设计符合质量目标、法规和客户需求。

技术审查：确保设计中使用的材料和技术符合标准，并满足项目的要求。

2. 施工阶段的质量管理

质量控制计划执行：实施质量控制计划，包括对施工过程的监控、检查和测试，确保施工符合设计和规范。

问题解决：及时处理施工中出现的问题，采取纠正措施，确保施工过程中不产生缺陷。

3. 质量验收和验收

质量验收：在施工完成后进行质量验收，确保建筑物的质量符合相关标准和规定。

用户验收：由最终用户或业主进行验收，确保建筑满足其需求和期望。

4. 维护和运营阶段的质量管理

维护计划：制定合理的维护计划，确保建筑在使用期间能够保持良好状态。

设备检查：定期检查建筑内部设备和系统，确保其正常运行。

5. 质量数据分析和持续改进

数据收集：收集和分析建筑质量的相关数据，包括施工过程中的问题、维护记录、用户反馈等。

持续改进：基于数据分析结果，制定改进计划，不断提高建筑项目的整体质量水平。

6. 沟通与团队合作

内部沟通：确保项目团队之间的有效沟通，包括建筑师、工程师、施工团队等。

外部沟通：与客户、监管机构，以及其他利益相关方进行积极沟通，确保所有各方对质量目标的共识。

7. 法规合规性

法规遵守：确保建筑项目符合当地和国家的法规和建筑标准。

8. 技术和创新的应用

技术创新：探索和应用新的技术和方法，以提高建筑设计和施工的效率和质量。

建筑质量管理需要跨足项目的各个阶段，涉及多个专业领域，需要全体项目团队的紧密合作和协调。通过有效的建筑质量管理，可以最大程度地确保建筑项目的质量满足设计、法规和用户的期望。

（六）建筑质量的社会责任

建筑质量的社会责任涵盖了建筑行业对社会、环境和可持续性的影响，并要求建筑项目在设计、施工和运营中考虑社会的整体利益。

1. 可持续性

环保设计：在建筑设计阶段，采用环保材料、能源效率设计和其他可持续性策略，以减少对自然资源的依赖和减缓环境影响。

绿色认证：寻求绿色建筑认证，如 LEED 等，以证明建筑项目在可持续性方面的承诺和执行。

2. 社区影响

社区参与：在建筑项目中积极参与当地社区，了解并回应当地居民的需求和担忧。

社区利益平衡：确保建筑项目对社区有积极的经济、文化和社会影响，促进社区的可持续发展。

3. 文化和历史保护

文化尊重：在设计和建设中尊重和保护当地文化和历史遗产，确保建筑项目不对这些方面造成破坏。

文化参与：与当地社区协商，充分考虑文化多样性，确保建筑项目的设计与当地文化相契合。

4. 社会公平

劳工权益：确保在建筑项目中的劳工享有公平的工资、良好的工作条件和安全保障。

社会包容：在设计中考虑到不同人群的需求，如老年人、残疾人等，以确保建筑的社会包容性。

5. 健康和安全

建筑健康：确保建筑的设计和使用对居住和工作的人们有积极健康的影响。

施工安全：在施工过程中采取措施，确保工人的安全，减少事故发生的可能性。

6. 社会创新

社会创新：采用创新技术和设计方法，以满足当代社会的需求，促进社会的进步和发展。

7. 风险管理

风险评估：在项目规划阶段进行综合的风险评估，包括自然灾害、气候变化等因素，以降低不利于社会影响的风险。

8. 合规性

法规遵守：确保建筑项目符合所有适用的法规和标准，以保障公共安全和环保。

9. 可访问性

建筑可访问性：确保建筑物对所有人都是可访问的，包括老年人和残疾人，以促进社会的包容性。

10. 信息透明

公开透明：向社会提供项目信息的透明度，包括设计、施工和运营阶段的重要决策和效果，以建立公共信任。

通过履行这些社会责任，建筑行业能够在社会、环境和经济方面发挥更积极的作用，创造更加可持续和有益的建筑项目。

（七）建筑质量的未来趋势

1. 技术创新

未来建筑质量管理将更多地依赖于技术创新。人工智能、物联网等新兴技术的应用，将为建筑质量的监测、预测和管理提供更强大的工具。

2. 可视化和数字化

BIM 等可视化和数字化工具的应用将逐渐成为建筑质量管理的主流。这将提高信息的透明度，使得问题的发现和解决更加迅速和精准。

3. 绿色建筑

随着社会对环保和可持续性的关注日益增加，绿色建筑将成为未来建筑质量的重要趋势。建筑项目需要更加注重能源效益、环境友好材料的选择和可再生能源的应用。

4. 全生命周期管理

未来建筑质量管理将更加强调全生命周期的管理。从规划设计到建设、运营、维护再到最终拆除，都需要全程考虑建筑质量的各个方面。

建筑质量是一个多层次、多维度的概念，需要从技术、管理、社会责任等多个角度来定义和评价。建筑质量管理体系和原则的应用，以及对新技术和社会趋势的敏锐洞察，将有助于推动建筑质量不断提升，满足社会对于安全、舒适、可持续性的更高期望。未来建筑质量管理将更加注重技术创新、数字化工具的应用以及对社会、环境的积极影响。

二、建筑质量管理的核心原则

建筑质量管理是确保建筑项目在设计、施工和维护阶段达到预期标准的关键过程。它涉及多个方面，包括工程技术、设计准则、材料选择，以及人力资源管理。在建筑质量管理的实践中，一些核心原则是不可或缺的，它们为项目的成功奠定了基础。

1. 设计的一致性与合理性

建筑质量管理的第一个核心原则是确保设计的一致性与合理性。设计阶段是项目的基石，决定了未来整个项目的走向。因此，在设计过程中必须确保一致性，即设计应符合项目的整体目标和标准。设计的合理性是指设计方案在技术和经济上的可行性。建筑师和设计团队需要综合考虑美学、功能性、可维护性，以及可持续性等因素，确保设计方案不仅满足审美要求，还能够在长期内实现经济效益。

2. 施工过程的监控与控制

建筑质量管理的另一个关键原则是对施工过程的监控与控制。在施工阶段，有效的监控是确保项目质量的关键。这包括了对工程进度、材料质量、工艺流程，以及人员操作的实时监测。通过采用现代技术，如传感器、监控摄像头和自动化系统，可以提高对施工过程的实时监控能力。此外，及时的控制措施是防止和纠正施工过程中出现的问题的关键，确保项目能够按计划进行。

3. 质量标准的明确定义

明确定义质量标准是建筑质量管理的重要组成部分。在项目开始之前，必须制定清晰的质量标准，以便在整个项目周期内进行衡量。包括对材料、工程技术、施工过程和最终成果的详细规范。质量标准的明确定义有助于消除对项目质量的主观解释，确保所有项目参与者对期望标准有共同的理解。这可以通过制定详细的技术规范、验收标准和质量控制计划来实现。

4. 持续的沟通与协作

建筑项目通常涉及多个利益相关方，包括建筑师、工程师、业主、施工队等。因此，持续的沟通与协作是建筑质量管理不可或缺的原则。定期的会议、进度更新和问题解决有助于确保所有利益相关方都了解项目的当前状态，并能够共同解决任何可能的问题。在项目团队之间建立强大的沟通和协

作机制，有助于减少误解，提高工作效率，并最终提高项目质量。

5. 持续的培训与发展

建筑行业的技术和标准不断发展，因此建筑质量管理的核心原则之一是持续的培训与发展。所有项目参与者，包括设计师、工程师、施工人员等，都应接受相关领域的培训，以了解最新的技术、法规和最佳实践。通过不断提高项目团队的技能水平，可以确保他们能够适应行业的变化，采用最新的方法和技术，从而提高项目的质量水平。

6. 风险管理与预防

建筑质量管理的另一个核心原则是风险管理与预防。在项目早期，必须识别和评估潜在的风险，并采取相应的预防措施。这可能涉及技术风险、供应链风险、人力资源风险等各个方面。通过制定风险管理计划，项目团队可以更好地应对潜在的问题，降低项目失败的风险，提高整体质量水平。

7. 数据驱动的决策

在当今数字化时代，建筑质量管理的核心原则之一是数据驱动的决策。通过采用先进的数据收集和分析技术，项目团队可以实时监测项目的各个方面，并从中获取有价值的见解。数据驱动的决策有助于及时发现问题、迅速做出反应，并优化决策过程。例如，通过使用 BIM 技术，可以实现对建筑设计和施工过程的深度数据分析，提高对项目的理解和管理。

8. 质量审计与评估

质量审计与评估是建筑质量管理中确保项目达到预期标准的关键环节。定期的质量审计可以帮助识别项目中存在的问题和潜在的风险，以便及时采取纠正措施。审计可以涉及对设计文件、施工过程和最终成果的详细检查，以确保它们符合预定的质量标准。此外，引入独立的第三方评估机构进行评估，有助于确保对项目的评价是客观、公正的。

9. 持续改进

建筑质量管理的最后一个核心原则是持续改进。项目团队应该在每个项目周期结束时进行反思和总结，识别成功的经验和存在的问题，并制定改进计划。这种反馈循环有助于确保在未来项目中能够避免相同的问题，同时不断提高整体的工作效率和质量水平。通过在项目之间分享经验教训，行业能够共同进步，建立更为健康和可持续的建筑环境。

建筑质量管理的核心原则涉及项目的各个方面，从设计阶段到施工和维护阶段。通过确保设计的一致性与合理性、施工过程的监控与控制、质量标准的明确定义、持续的沟通与协作、持续的培训与发展、风险管理与预防、数据驱动的决策、质量审计与评估，以及持续改进，可以建立起一个全面而有效的建筑质量管理体系。这些原则相互交织，共同构成了确保项目成功完成并符合预期标准的关键要素。

在不断变化的建筑环境中，建筑质量管理的实践需要灵活性和适应性。采用最新的技术、工具和最佳实践，不断学习和改进，是确保建筑质量管理能够与时俱进的关键。通过遵循这些核心原则，建筑行业可以建立起更为可靠、高效和创新的质量管理体系，为人们创造出更安全、可持续和舒适的建筑环境。

第二节　QFD 基础原理与方法

一、QFD 的基本工具与技术

QFD 是一种系统性的方法，旨在将客户需求转化为产品或服务的设计特性。QFD 的基本目标是确保产品或服务的设计与客户的期望相一致。为了实现这一目标，QFD 采用了一系列基本工具和技术，这些工具和技术有助于将信息从一个阶段传递到下一个阶段，并确保各个阶段的一致性。以下是 QFD 的基本工具与技术。

（一）战略层面的 QFD 工具与技术

1. 团队

在 QFD 的初始阶段，团队的构建非常重要。通过这个工具，团队成员可以彼此了解，并展示他们的技能和经验。这有助于建立一个协同工作的环境，确保团队能够有效地应用 QFD 方法。

2. 顾客需求分析

这是一个关键的步骤，需要深入了解客户的需求和期望。技术包括市场调研、客户反馈、焦点小组讨论等，以确保收集到的信息是全面和准确的。

3. 竞争对手分析

通过分析竞争对手的产品或服务，团队可以识别市场趋势和竞争优势。这有助于确保产品或服务在市场上具有竞争力。

（二）战术层面的 QFD 工具与技术

1. 过程

在这个阶段，团队需要定义产品或服务的关键过程。通过绘制过程流程图或使用流程分析工具，团队可以识别潜在的问题和改进机会。

2. 功能需求分析

将客户需求转化为具体的产品或服务特性是 QFD 的核心。功能需求分析工具帮助团队确保每个功能都能满足客户的期望，并且不同功能之间的关系被明确定义。

3. 技术特性部署

在这个阶段，团队需要确定实现每个功能所需的具体技术特性。这可能涉及对新技术的评估，以确保产品或服务的设计是可行的。

（三）操作层面的 QFD 工具与技术

1. 测试与验证计划

为确保产品或服务的质量，团队需要制定详细的测试与验证计划。这包括确定测试标准、测试方法和验证步骤，以确保产品或服务符合规格。

2. 过程控制计划

过程控制计划确保产品或服务在生产过程中保持一致的质量水平。这包括监控关键过程参数、实施纠正措施和持续改进。

3. 供应链管理

在 QFD 的操作阶段，确保供应链的有效性至关重要。这可能涉及供应商评估、供应链透明度和风险管理。

（四）持续改进的 QFD 工具与技术

1. 效果评估

通过收集数据和客户反馈，团队可以评估产品或服务的实际效果。这有助于确定是否需要进一步的改进和调整。

2. 周期审查

定期审查 QFD 的实施效果是确保持续改进的关键。通过定期回顾团队的目标、进展和挑战，可以及时采取纠正措施。

QFD 的成功实施需要综合运用这些工具和技术，确保从顾客需求到最终产品或服务各个阶段的一致性和连贯性。团队成员需要具备跨职能的技能，并在整个过程中密切合作，以确保 QFD 的有效性和可持续性。

二、QFD 的质量函数部署

QFD 是质量管理和产品开发领域中的强大工具，可以帮助组织满足客户期望，提高产品质量，并提升竞争力。

（一）QFD 的概念与历史

QFD 是一种系统性的质量管理方法，旨在将顾客需求转化为产品或服务的具体设计要求。该方法最初由日本学者井上成慎于 20 世纪 60 年代提出，并在后来由日本汽车制造业广泛应用。QFD 的核心理念是通过深入了解顾客需求，将这些需求传递到产品或服务的设计、制造和交付过程中。这种方法不仅关注产品功能的满足，还注重各个阶段的质量控制，从而确保最终产品符合客户期望。

QFD 的历史可以追溯到 1972 年，当时井上成慎首次在国际学术刊物上发表了他的研究成果。此后，QFD 在日本迅速传播，并逐渐在世界范围内被广泛采用。该方法通过使用矩阵图表和结构化的方法，将顾客需求、技术特性和过程能力相结合，帮助团队更有效地进行决策和资源分配。随着时间的推移，QFD 的应用范围不仅局限于制造业，还扩展到服务业和软件开发等领域，成为提高产品和服务质量的有力工具。

（二）QFD 的原则和核心概念

QFD 的原则和核心概念包括以下几个关键要素。

顾客导向：QFD 的核心是以顾客需求为出发点。该方法强调深入了解和理解顾客的期望和需求，将其视为设计和生产过程的主导因素。通过将顾客的声音纳入产品或服务的设计和开发中，可以更好地满足市场需求，提高顾客满意度。

贯彻始终的参与：QFD 强调跨职能团队的广泛参与。从产品设计到制造和交付的各个阶段，QFD 鼓励不同领域的专业人员共同合作，确保所有利益相关方的观点都得到充分考虑。

矩阵分析：QFD 使用矩阵图表，例如，战略层和操作层矩阵，以可视化和系统化的方式整合信息。这些矩阵有助于团队识别不同需求和设计要素之间的关系，从而更好地管理复杂的设计问题。

功能转化：QFD 将顾客需求转化为产品或服务的设计特性，确保设计的功能和特性直接满足顾客的期望。这种功能的逐级转化有助于确保设计过程中不会失去关键的顾客需求。

迭代改进：QFD 强调连续的改进过程。通过不断地收集和反馈信息，QFD 鼓励团队在产品或服务的整个生命周期中进行调整和改进，以适应不断变化的市场和技术环境。

过程集成：QFD 不仅关注产品设计阶段，还注重整个价值链。通过将质量和功能的考虑纳入产品生命周期的各个阶段，QFD 有助于确保产品或服务的一致性和高质量。

总的来说，QFD 的原则旨在确保产品或服务的设计过程充分考虑顾客需求，并通过跨职能团队的协作以及可视化的矩阵工具来实现设计决策的系统化和透明化。这有助于提高产品或服务的质量，同时满足市场的期望。

（三）QFD 的基本工具与技术

QFD 使用一系列基本工具和技术来实现将顾客需求转化为产品或服务设计的目标。

鱼骨图：也称为因果图，用于识别潜在的产品或服务设计问题的根本原因。这有助于团队深入了解各个设计要素之间的相互关系。

战略层矩阵：用于将市场需求和公司战略目标与产品或服务设计特性相对应。这有助于确保设计决策与企业战略一致。

操作层矩阵：这是 QFD 最著名的工具之一，用于将顾客需求与产品或服务的技术特性相匹配。矩阵的交叉点提供了关键的设计信息，有助于团队优化设计决策。

顾客需求表：列举和详细描述顾客对产品或服务的期望和需求。这是 QFD 的起点，确保团队理解并充分考虑顾客的期望。

技术特性表：列出产品或服务的技术特性，与顾客需求表相对应。这有助于团队了解如何调整技术方案以满足顾客需求。

优先级矩阵：用于确定不同设计要素的优先级，帮助团队集中资源和关注点。

设计关联矩阵：描述不同设计要素之间的相互关系，以确保设计决策的一致性和协调性。

迭代矩阵：用于记录和跟踪在设计过程不同迭代中的改进和调整。

标杆和竞争分析：通过比较产品或服务与竞争对手的性能和特性，有助于识别设计上的优势和机会。

模糊数学：有时使用模糊数学方法来处理不确定性和模糊性，特别是在顾客需求或设计特性的表达中存在歧义或模糊性时。

这些工具和技术相互配合，帮助团队系统性地理解顾客需求，将其转化为设计要素，并确保设计决策与战略目标一致。通过这些 QFD 的工具和技术，团队能够更加有针对性地进行产品或服务的设计和开发，以满足市场需求并提高质量。

（四）QFD 在不同行业的应用

QFD 最初起源于制造业，但随着时间的推移，它已经在不同行业广泛应用。以下是 QFD 在一些主要行业中的应用。

制造业：QFD 最早在汽车制造业得到广泛应用。制造业可以利用 QFD 来将顾客需求转化为产品设计规格，并确保制造过程中的质量控制。它还可用于优化生产流程，提高效率和产品质量。

服务业：QFD 已经成功地扩展到服务领域，如银行、医疗、酒店业等。在服务业中，QFD 可用于确保服务过程符合顾客期望，提高服务质量和顾客满意度。

软件开发：在软件开发领域，QFD 可用于确保软件产品满足用户需求，优化功能和用户界面设计。它有助于在整个软件开发生命周期中引入质量和功能性考虑。

建筑与设计：在建筑和设计领域，QFD 可用于将客户的设计要求转化为建筑或产品规格。这有助于确保建筑项目或设计方案符合客户期望，并在设计和施工中实现一致性。

医疗保健：在医疗领域，QFD 可用于确保医疗设备、服务和流程满足患者和医务人员的需求。这有助于提高医疗服务的质量和效率。

食品行业：在食品行业，QFD 可以应用于新产品开发，确保食品产品的口感、营养价值等方面符合消费者期望。它还可以用于提高生产过程的效率和质量。

信息技术：在信息技术领域，QFD 可以用于软件开发和系统设计。团队可以使用 QFD 来理解用户需求，确定软件或系统的功能和性能要求，并优化开发流程。这有助于确保开发的软件或系统能够满足用户的期望，并在质量和性能方面达到标准。

总体而言，QFD 是一种通用的质量管理方法，其原则和工具可以适用于各种行业。它强调顾客导向和跨职能团队的合作，有助于在不同领域中优化产品和服务设计，提高质量，满足市场需求。

（五）QFD 的优势和挑战

QFD 是一种质量管理工具，旨在将客户需求转化为产品或服务的具体特征，确保最终的产品或服务满足客户的期望。QFD 不仅可以用于制造业，还可以应用于服务业和软件开发等领域。在实际应用中，QFD 具有一系列的优势和挑战。

1. 优势

（1）客户满意度提升

QFD 的核心理念是将客户需求转化为产品或服务的设计要素，确保最终产品符合客户期望。这有助于提升客户满意度，增强产品或服务在市场中的竞争力。

（2）团队沟通和协作

QFD 通常需要跨部门的团队合作。通过在 QFD 过程中集成不同专业领

域的知识和经验，团队成员可以更好地理解彼此的工作，促进团队内外的沟通和协作。

（3）提前发现问题

在 QFD 的实施过程中，通过分析需求和设计要素的关联，团队可以提前发现可能出现的问题，并采取相应的措施，降低产品或服务的质量风险。

（4）持续改进

QFD 不是一次性的过程，而是一个持续改进的方法。通过不断地更新和改善 QFD 矩阵，组织可以适应市场变化、技术进步和客户需求的变化。

（5）降低开发成本

通过在设计阶段就考虑到客户需求，可以避免在后期对产品或服务进行大规模的修改，从而降低了开发成本。

（6）市场敏感性

QFD 使组织更加敏感于市场的变化。通过及时调整 QFD 矩阵，组织可以更快地适应市场趋势，提高产品或服务的市场敏感性。

2. 挑战

（1）复杂性

QFD 的实施可能涉及大量的数据和复杂的分析。这对组织来说可能是一项挑战，尤其是对于小型企业或没有足够资源的组织。

（2）缺乏标准化

QFD 的应用并没有统一的标准，不同的组织和行业可能使用不同的方法和工具。这使得 QFD 的比较和评估变得困难。

（3）依赖正确的数据

QFD 的有效性取决于输入数据的准确性。如果需求分析阶段的数据不准确，将会导致后续设计阶段的偏差，影响产品或服务的质量。

（4）团队合作挑战

跨部门合作需要有效的团队管理和领导力。如果团队合作不充分，QFD 的实施可能会受到困扰。

（5）时间和资源压力

QFD 是一个需要时间和资源的过程。在市场推动下，组织可能感到压力，导致在过程中缺乏足够的时间和资源。

（6）适应性问题

有时候，组织可能难以适应 QFD 的方法，特别是在传统的管理文化下。推动 QFD 需要对组织文化的深刻理解和适应。

QFD 作为一种质量管理工具，为组织提供了一种将客户需求直观转化为产品或服务设计的方法。它在提高客户满意度、促进团队合作、提前发现问题等方面具有显著的优势。然而，QFD 的实施也面临复杂性、缺乏标准化、团队合作挑战等一系列挑战。在应用 QFD 时，组织需要认识到这些优势和挑战，以更好地发挥其作用。在未来，随着对质量管理的不断追求和创新，QFD 可能会不断演进和完善，为组织带来更多的价值。

第三节　建筑质量管理与 QFD 理论融合

一、建筑质量管理与 QFD 的共通之处

建筑质量管理和 QFD 都是为了实现高质量产品或服务而采取的方法和理念。在建筑领域，质量管理是确保建筑项目从规划、设计、施工到维护的全过程中都能够满足相关标准和客户期望的关键方面。与此同时，QFD 作为一种质量管理工具，强调将顾客需求转化为产品设计特性，以确保产品或服务能够最大程度地满足客户的期望。以下是建筑质量管理与 QFD 的共通之处，并探讨了它们如何相互融合以提高建筑项目的质量。

（一）建筑质量管理的基本原则

1. 客户导向

建筑质量管理的核心是满足客户的需求和期望。这包括了建筑物的功能、外观、质量标准、安全性，以及对环境的影响等方面。客户满意度是衡量建筑质量的重要指标。

2. 持续改进

建筑质量管理强调持续改进，不仅是在建筑项目的执行阶段，还包括了规划、设计、施工和维护的全过程。通过不断的评估和反馈，团队可以识别问题并采取纠正措施，以提高整体的质量水平。

3. 团队合作

在建筑项目中，涉及多个专业领域和团队成员。建筑质量管理鼓励团队合作，确保不同专业领域的知识和经验能够被充分整合，以实现项目目标。

（二）QFD 在建筑领域的应用

1. 将客户需求转化为设计特性

QFD 的核心是将客户需求转化为产品或服务的设计特性。在建筑项目中，这可以体现为将业主的期望、功能需求、审美要求等转化为具体的建筑设计特征。通过使用 QFD 的工具，团队可以系统性地分析和整合这些需求，确保它们在建筑设计中得到满足。

2. 优先级和资源分配

QFD 使用矩阵等工具来确定不同设计特性的优先级，这与建筑质量管理中的资源分配和优先考虑特定设计要素的原则相一致。在建筑项目中，资源可能有限，因此需要确定哪些设计特性对于满足客户需求最为关键，以确保资源的最优利用。

3. 持续改进

QFD 强调持续改进的概念，这与建筑质量管理的理念相一致。在建筑项目中，通过在设计、施工和维护阶段采取不断的改进措施，可以提高建筑的整体质量水平。

（三）建筑质量管理与 QFD 的共通之处

1. 强调客户需求

建筑质量管理和 QFD 都强调客户需求的重要性。在建筑领域，满足业主、使用者和其他相关利益相关者的需求是确保项目成功的关键因素。QFD 通过将顾客需求与产品设计相匹配，确保建筑项目不仅是符合技术规范，还能够真正满足最终用户的期望。

2. 强调持续改进

持续改进是建筑质量管理和 QFD 的共同之处。在建筑项目中，通过持续监测、评估和改进，团队可以不断提高建筑的设计、施工和运营阶段的质量。QFD 的持续改进原则有助于建筑团队在项目的各个阶段都保持敏锐的反馈和改进机制。

3. 团队合作和交叉功能性

建筑质量管理和 QFD 都强调团队合作和交叉功能性。在建筑项目中，不同专业领域的专业人员需要协同工作，确保项目的各个方面都得到充分的考虑。QFD 通过引入交叉功能的团队，鼓励不同专业领域的知识融合，以确保设计特性的全面性和综合性。

4. 数据驱动决策

建筑质量管理和 QFD 都强调使用数据和事实来支持决策。在建筑项目中，数据分析可以用于评估建筑的性能、质量和安全性。QFD 的数据驱动决策原则有助于建筑项目团队在设计和改进中作出科学的决策。

（四）建筑质量管理与 QFD 的互补性

1. 从项目规划到维护的全过程管理

建筑质量管理关注项目从规划到维护的全过程管理，强调质量在项目的

各个阶段的重要性。QFD 作为一个系统性的方法，可以被整合到建筑质量管理中，确保在项目的每个阶段都充分考虑了顾客需求和设计特性。

2. 优化资源分配与设计特性

QFD 的工具，尤其是原始质量函数部署矩阵，可以帮助建筑团队优化资源分配。在项目中，资源（包括时间、人力、资金等）是有限的，QFD 的优先级矩阵和目标值表等工具可以帮助确定哪些设计特性对于项目成功最为关键。这与建筑质量管理中的资源分配和重点关注特定设计要素的原则相一致。

3. 客户满意度与项目成功

建筑质量管理和 QFD 的共同目标之一是提高客户满意度。QFD 通过确保产品设计与顾客需求一致，有助于提高最终用户对产品或服务的满意度。在建筑质量管理中，项目的成功不仅取决于技术上的合格，还与业主和最终用户对建筑的满意程度紧密相关。

4. 强调技术和质量标准

建筑质量管理和 QFD 都强调技术和质量标准的重要性。在建筑项目中，必须满足一系列的技术规范和建筑标准，以确保项目的安全性、可持续性和耐久性。QFD 的技术特性表和目标值表等工具有助于详细记录和管理与技术要求相关的设计特性，以确保项目符合相应的质量标准。

（五）建筑质量管理与 QFD 的实际应用案例

1. 项目规划阶段

在项目规划阶段，建筑团队可以使用 QFD 的工具，例如，顾客需求表和原始质量函数部署矩阵，系统性地分析和整合业主的需求。通过这个过程，团队可以建立一个清晰的质量目标，确保项目的规划阶段就充分考虑了客户期望和项目成功的要素。

2. 设计阶段

在设计阶段，建筑团队可以利用 QFD 的矩阵工具，将业主需求转化为具体的设计特性。技术特性表和目标值表可以用于记录和管理这些设计特性，确保设计符合相关的技术规范和质量标准。此外，团队可以使用 QFD 来确定不同设计特性之间的优先级，以在有限的资源下作出最佳的决策。

3. 施工阶段

在施工阶段，建筑团队可以持续使用 QFD 的原则，通过数据驱动决策，持续改进的方法来监测和评估施工过程。这有助于及时发现和解决问题，确保施工符合设计要求，提高整体的质量水平。

4. 维护和运营阶段

在建筑项目的维护和运营阶段，建筑质量管理和 QFD 的原则可以帮助团队制定维护计划和预防性维护措施。通过对建筑性能的监测和反馈，团队可以实现对设施的持续改进，延长建筑的寿命，提高可维护性。

（六）面临的挑战和未来发展

1. 挑战

复杂性：建筑项目的复杂性很高，涉及多个专业领域和利益相关者。将 QFD 的原则和工具整合到建筑质量管理中可能面临一定的复杂性，需要有经验的团队和系统的培训。

文化差异：在全球范围内进行建筑项目，涉及不同国家和文化之间的差异。QFD 的应用需要考虑到这些差异，确保其在不同背景下的有效性。

2. 未来发展

数字化技术的应用：随着数字化技术的发展，建筑行业越来越多地采用信息技术来管理项目。未来，建筑质量管理和 QFD 可能会更加紧密地与数字化技术结合，例如，使用 BIM 等工具。

可持续性的强调：随着可持续发展的日益重要，建筑质量管理和 QFD 可能会更加强调可持续性因素。这包括能源效率、环保设计和材料选择等方面的考虑。

全生命周期管理：建筑质量管理和 QFD 可能会更加关注项目的全生命

周期管理，包括规划、设计、施工、维护和拆除等各个阶段的质量管理。

建筑质量管理和 QFD 都是为了实现高质量建筑项目而采取的方法。它们强调客户导向、持续改进、团队合作和数据驱动决策等共同原则，为建筑项目的成功提供了指导和支持。通过将 QFD 的原则和工具整合到建筑质量管理中，可以更好地满足客户需求，优化资源分配，提高设计和施工质量，最终实现项目的整体成功。

在实际应用中，建筑团队可以在项目的各个阶段灵活运用 QFD 的工具和原则。从项目规划到维护的全过程管理，QFD 可以帮助团队更系统地分析和整合业主的需求，优化设计特性，制定资源分配计划，并在持续改进的过程中提高建筑质量。

然而，面临的挑战也不能忽视。建筑项目的复杂性和文化差异可能增加整合 QFD 的难度。需要建筑团队具备足够的经验，以克服这些挑战。

未来，随着数字化技术的发展和对可持续发展的日益重视，建筑质量管理和 QFD 有望在这些方面取得更多的进展。数字化技术的应用，如 BIM，将为建筑项目的信息管理提供更多可能性。可持续性的强调将促使建筑团队更加关注环保设计和全生命周期管理。

综合而言，建筑质量管理和 QFD 的共通之处在于它们都追求高质量的产品或服务，强调客户需求、持续改进、团队合作和数据驱动决策。通过合理地整合这两者，建筑团队可以更全面、系统地管理项目，提高建筑质量，满足不断变化的市场需求。

二、QFD 在建筑质量管理中的理论补充

在建筑领域，质量管理至关重要，因为建筑项目不仅涉及技术和工程方面的要求，还关乎建筑物的实用性、可维护性、安全性等方面的质量。本书将探讨 QFD 在建筑质量管理中的理论补充，强调 QFD 如何丰富建筑质量管理的理念和方法。

（一）QFD 与建筑质量管理的融合

1. 顾客需求的转化

QFD 的主要任务之一是将顾客需求转化为具体的产品设计特性。在建筑质量管理中，这可以通过创建顾客需求表和应用原始质量函数部署矩阵来实现。通过这个过程，建筑团队可以更加系统地理解并转化项目的各个方面，从而确保项目从一开始就考虑到了最终用户的期望。

2. 原始质量函数部署矩阵的应用

原始质量函数部署矩阵是 QFD 的核心工具，用于将顾客需求与产品设计特性相对应。在建筑质量管理中，原始质量函数部署矩阵可以用于确保每个设计特性都与特定的顾客需求相匹配。通过建立这样的关系，建筑团队可以更加有针对性地进行设计，确保项目在各个阶段都符合顾客期望。

3. 技术特性表的制定

QFD 使用技术特性表来记录各个设计特性的详细信息，包括技术要求、资源需求等。在建筑质量管理中，技术特性表可以帮助团队更好地管理建筑项目的技术要求。这对于确保项目满足技术标准、法规要求，以及相关的质量标准非常关键。

4. 优先级矩阵的制定

在建筑质量管理中，资源通常是有限的，因此需要确定各个设计特性的优先级。QFD 的优先级矩阵工具可以在建筑团队中应用，以帮助团队确定在有限资源下应该优先考虑哪些设计特性。这有助于最大化资源的使用效益，确保项目的关键设计特性得到优先考虑。

（二）QFD 在建筑质量管理中的实际应用案例

1. 项目规划阶段

在项目规划阶段，建筑团队可以应用 QFD 的原理，系统性地收集和整理各方利益相关者的需求。通过创建顾客需求表和应用原始质量函数部署矩

阵，团队可以将这些需求转化为具体的设计特性。这有助于确保项目在规划阶段就充分考虑了业主和最终用户的期望，奠定了质量管理的基础。

2. 设计阶段

在设计阶段，建筑团队可以使用 QFD 的工具进一步细化设计特性。通过应用原始质量函数部署矩阵，团队可以明确各个设计特性与顾客需求的关系，并创建技术特性表以记录详细的技术要求。这有助于确保设计符合技术标准和质量标准，提高设计的全面性和综合性。

3. 施工阶段

在施工阶段，QFD 的原理可以帮助建筑团队优化资源分配和提高施工质量。通过使用优先级矩阵工具，团队可以确定哪些设计特性对于项目成功最为关键，从而在有限的资源下做出最佳的决策。同时，持续改进的概念也可以在施工过程中应用，确保项目在不断变化的环境中持续适应。

4. 维护和运营阶段

在建筑项目的维护和运营阶段，建筑团队可以继续应用 QFD 的原理，通过持续改进来提高建筑的可维护性。通过监测建筑性能，采集相关数据，并应用 QFD 的原理来分析和改进，团队可以延长建筑的寿命周期，提高整体质量。

（三）挑战与未来发展

1. 挑战

复杂性：建筑项目的复杂性非常高，涉及多个专业领域、各种利益相关者和不同的法规标准。将 QFD 的原理应用到这样的复杂环境中可能面临一定的挑战，需要建筑团队具备跨学科的知识和全面的项目管理技能。

文化差异：在全球范围内进行建筑项目，涉及不同国家和文化之间的差异。QFD 的应用需要考虑到这些差异，确保其在不同背景下的有效性。这涉及对 QFD 工具和方法的本土化和定制化。

2. 未来发展

数字化技术的应用：随着建筑行业数字化技术的发展，未来QFD可能更加紧密地与这些技术结合。例如，BIM等数字化工具可以用于更好地管理和分析建筑项目的数据，从而进一步优化质量管理流程。

可持续性的强调：随着社会对可持续发展的关注不断增加，建筑行业对可持续性的要求也在提高。未来，QFD可能会更加强调将可持续性因素融入到建筑质量管理中，包括能源效率、环保设计和绿色建筑标准等。

全生命周期管理：建筑质量管理和QFD可能会更加关注项目的全生命周期管理，包括规划、设计、施工、维护和拆除等各个阶段的质量管理。这有助于建筑团队更好地理解项目的整体影响和效果。

在建筑质量管理中，QFD为团队提供了一种系统性的方法，将顾客需求转化为具体的设计特性，从而实现项目的成功。通过强调顾客导向、交叉功能性、数据驱动决策和持续改进等原则，QFD丰富了建筑质量管理的理念和方法。

在实际应用中，建筑团队可以灵活运用QFD的工具和原理，从项目规划到维护的全过程管理，确保项目充分考虑了顾客需求，优化了资源分配，提高了设计和施工的质量。然而，面临的挑战包括建筑项目的复杂性和文化差异，需要团队具备足够的经验和培训。

未来，随着数字化技术的发展和可持续性、重要性的增加，建筑质量管理和QFD有望在这些方面取得更多的进展。数字化技术的应用和对可持续性的强调将进一步推动建筑行业朝着更智能、更绿色的方向发展。通过不断创新和适应，QFD将继续为建筑质量管理提供有力的支持。

三、QFD与传统建筑质量管理方法的比较

在建筑领域，质量管理是确保项目成功的关键因素之一。传统的建筑质量管理方法在很长一段时间内一直是主流，但近年来，一些新的方法和工具，如QFD，开始在建筑行业中受到关注。本书将比较QFD与传统建

筑质量管理方法，强调它们的优势、不同之处以及如何结合使用以提高项目的整体质量。

（一）传统建筑质量管理方法

1. 阶段化管理

传统建筑质量管理方法通常是阶段化的。项目从规划、设计、施工到维护都有明确定义的阶段，每个阶段都有特定的任务和目标。这种方法强调项目的线性进行，每个阶段依赖于前一阶段的完成。

2. 质量控制

传统方法强调质量控制，即在项目的各个阶段采取相应的措施来确保项目符合特定的技术标准和规范。这可能包括检查、测试、审查和验证等活动。

3. 专业分工

传统建筑质量管理通常涉及严格的专业分工。建筑项目会涉及多个专业领域，如建筑设计、结构设计、机电工程等，各个专业领域由专业的团队负责。

4. 反应式方法

传统建筑质量管理方法往往是反应式的。问题通常在其发生后被发现，然后采取纠正措施。这可能导致在项目的后期阶段才能发现问题，增加了纠正的成本和难度。

（二）QFD

1. 顾客导向

QFD 是一种顾客导向的方法，强调从顾客的角度出发，将顾客需求转化为产品或服务的设计特性。QFD 通过创建顾客需求表和使用原始质量函数部署矩阵等工具，确保项目的设计和实施都能够充分满足用户的期望。

2. 交叉功能性与团队协作

QFD 鼓励不同专业领域的人员和团队之间的交叉功能性与协作。它引入了一个跨功能的团队，以确保项目的各个方面都能够得到全面考虑。这有助于减少信息断层和提高团队协同效率。

3. 数据驱动决策

QFD 强调使用数据和事实支持决策。通过使用 QFD 的工具，特别是原始质量函数部署矩阵，项目团队可以在设计特性之间建立关系，基于数据做出明智的决策，确保项目满足顾客的期望。

4. 持续改进

QFD 强调持续改进的概念。项目团队通过建立一个反馈循环，及时了解问题，采取纠正措施，并确保项目在不断变化的环境中持续适应，以提高项目的整体质量水平。

（三）比较分析

1. 灵活性与迭代性

QFD 相对于传统建筑质量管理方法更加灵活和迭代。传统方法常常是线性的，而 QFD 允许在项目的不同阶段进行反复的优化和改进。这使得在项目早期发现和解决问题变得更加容易，减少了问题在后期被发现的概率。

2. 客户满意度与需求转化

QFD 的核心是将客户需求直接转化为设计特性。这与传统方法相比，更加强调满足客户的期望。传统方法可能更注重技术规范和标准，而 QFD 通过建立客户需求表和应用原始质量函数部署矩阵，确保设计直接对应于用户的期望。

3. 团队合作和知识融合

QFD 鼓励不同专业领域的人员和团队之间的交叉功能性与协作。这有助于减少信息断层，确保项目的各个方面都能够得到全面考虑。传统方法中，专业分工可能导致信息孤岛，不同专业领域的团队难以有效沟通。

4. 成本效益

QFD 的迭代性和持续改进原则有助于在项目早期发现和纠正问题，从

而降低了纠正的成本。而传统方法中，问题通常在后期才被发现，导致了更高的纠正和修复成本。QFD 通过及早的数据驱动决策，有助于优化资源分配，确保在项目的每个阶段都充分考虑了顾客需求和项目成功的要素。

5. 项目整体质量

QFD 通过将顾客需求与设计特性直接关联，更有可能实现项目整体质量的提升。而传统方法可能更注重各个阶段的独立性，忽略了项目整体目标的一致性。QFD 的持续改进原则也有助于确保项目在整个生命周期中都在不断提高。

6. 问题的发现和解决

传统方法往往是反应式的，问题通常在其发生后被发现，然后采取纠正措施。相比之下，QFD 通过持续的数据驱动决策和持续改进的原则，更有可能在问题产生之前就发现并解决潜在的风险和质量问题。

（四）QFD 与传统方法的结合应用

尽管 QFD 具有许多优势，但并不意味着能完全取代传统建筑质量管理方法。相反，将 QFD 与传统方法结合应用可能更为合理。以下是一些结合应用的方式。

1. 项目规划阶段

在项目规划阶段，可以使用传统的项目计划和风险管理方法来确保项目有序进行。同时，可以运用 QFD 的原则，通过创建顾客需求表和原始质量函数部署矩阵，确保项目的初步设计就充分考虑了用户的期望。

2. 设计阶段

在设计阶段，传统的设计方法和标准可以与 QFD 结合，确保项目符合技术规范。使用 QFD 的工具，如技术特性表和目标值表，有助于详细记录和管理与技术要求相关的设计特性。

3. 施工阶段

在施工阶段，传统的施工管理和质量控制方法可以与 QFD 结合，确保

工程按照设计规范进行。使用QFD的优先级矩阵工具，团队可以在有限的资源下确定关键设计特性，确保施工过程中的重点。

4. 维护和运营阶段

在项目的维护和运营阶段，可以使用传统的维护计划和预防性维护方法，同时应用QFD的原理，通过数据驱动决策，持续改进项目的运营和维护。

（五）挑战和未来发展

1. 挑战

文化差异和团队培训：引入QFD可能需要项目团队适应新的文化和工作方式。需要进行培训，以确保团队能够充分理解和正确应用QFD的原理。

工程师和设计师的合作：QFD鼓励跨职能的团队协作，这可能涉及工程师和设计师之间的更密切合作。这种合作需要解决不同专业领域之间的沟通和理解问题。

2. 未来发展

数字化技术的整合：随着数字化技术在建筑行业的普及，QFD可以更紧密地与这些技术整合。例如，BIM等数字化工具可以与QFD的原理结合，提供更全面的项目信息。

全球标准的制定：随着建筑项目越来越国际化，未来可能需要制定更全球性的标准，以适应不同国家和文化的建筑项目。QFD的应用也需要考虑到这些全球性标准的制定。

QFD与传统建筑质量管理方法相比具有更多的优势，尤其是在顾客导向、交叉功能性与团队协作、数据驱动决策和持续改进等方面。然而，由于建筑项目的复杂性和文化差异，将QFD与传统方法结合应用可能更为实际和可行。通过结合应用，可以在项目的不同阶段充分发挥QFD的优势，提高项目整体质量水平。在未来，数字化技术的进一步整合和全球性标准的制定将进一步推动建筑质量管理的发展。

第四节　其他相关管理理论与建筑质量关系

一、全面质量管理与建筑业的关系

全面质量管理（TQM）是一种管理方法，旨在通过不断提高组织内所有过程和活动的质量，以满足或超越顾客期望。虽然TQM最初起源于制造业，但其原则和方法已经逐渐在各个行业中推广，包括建筑业。本书将探讨TQM与建筑业的关系，强调TQM在建筑项目中的应用、优势、挑战，以及未来发展的趋势。

（一）TQM的基本原理

1. 顾客导向

TQM的核心理念之一是顾客导向。这意味着组织应该全面了解和满足客户的需求和期望。在建筑业中，这意味着建筑团队需要在整个项目生命周期中考虑业主、最终用户和其他利益相关者的需求。

2. 连续改进

TQM强调不断改进组织内的所有过程。这包括寻找和纠正问题的根本原因，以及通过创新和学习实现更高水平的绩效。在建筑项目中，连续改进的原则可以应用于设计、施工和维护等方面。

3. 全员参与

TQM鼓励组织内所有成员的参与。每个人都被视为质量的关键推动者，质量不在仅是管理层的责任。在建筑业中，这意味着建筑团队的每个成员都应该对项目的质量负有责任，并积极参与持续改进的过程。

4. 数据驱动决策

TQM的决策过程是基于数据和事实的。这意味着组织需要采集、分析和利用数据来支持决策。在建筑项目中，这可以涉及使用数据来监测项目进展、评估设计和施工质量，以及进行问题分析。

（二）TQM 在建筑业的应用

1. 项目规划阶段

在项目规划阶段，TQM 的顾客导向原则可以通过积极与业主和最终用户沟通，以了解其需求和期望。全员参与的理念可以在团队中推广，确保每个成员都对项目的成功和质量负有责任。

2. 设计阶段

在设计阶段，TQM 的连续改进原则可应用于设计流程。团队可以通过不断寻找改进的机会，确保设计方案在满足技术和美学要求的同时，最大程度地满足业主和用户的需求。

3. 施工阶段

在施工阶段，TQM 的全员参与原则可以促使所有施工人员对质量产生共同关注。数据驱动决策的原则可以通过使用监测系统和实时数据来支持工程决策。

4. 维护和运营阶段

在项目完成后的维护和运营阶段，TQM 的原则可以确保设施的长期性能和可维护性。通过定期收集和分析运营数据，团队可以不断改进设施的运行效率和服务水平。

（三）TQM 在建筑业的优势

1. 提高客户满意度

TQM 通过确保项目充分满足客户需求，提高了客户满意度。在建筑项目中，满足业主和最终用户的期望是项目成功的关键标志之一。

2. 减少缺陷和错误

TQM 的数据驱动决策和连续改进原则有助于及早发现和纠正问题。通

过减少缺陷和错误，建筑团队可以提高施工质量，减少重复工作和成本。

3. 提高效率

通过优化设计和施工流程，TQM 有助于提高项目的效率。这包括减少浪费、优化资源利用和确保工程进度按计划进行。

4. 建立团队合作

TQM 强调全员参与和团队合作。在建筑项目中，这有助于建立更加协调和高效的团队，每个成员都对项目的质量和成功负有责任。

5. 持续改进

TQM 的持续改进原则有助于建筑团队不断寻找和采纳最佳实践。这使得团队能够适应不断变化的市场和技术环境。

（四）TQM 在建筑业的挑战

1. 文化转变

引入 TQM 可能需要组织进行文化转变。建筑团队可能需要适应更加开放和合作的文化，这对于一些传统的建筑组织可能是一项挑战。

2. 数据管理

数据驱动决策是 TQM 的核心原则之一。然而，在建筑项目中，数据的采集、管理和分析可能面临一些挑战。建筑项目通常涉及大量的数据，包括设计文档、施工图纸、施工进度等，因此需要有效的数据管理系统来支持 TQM 的实施。

3. 专业分工

建筑项目通常涉及多个专业领域，包括建筑设计、结构设计、机电工程等。TQM 的全员参与原则可能在面对不同专业领域的合作时遇到困难。解决这个挑战可能需要强调跨职能团队的协作和沟通。

4. 项目周期

建筑项目的周期通常较长，而 TQM 的实施需要时间来取得显著的成果。长周期可能导致项目团队在 TQM 的初期投入后，难以立即看到成果，需要在项目生命周期中持续坚持。

（五）未来发展趋势

1. 数字化技术整合

未来，建筑业将更加数字化，而 TQM 可以通过整合数字化技术来更好地支持建筑项目的质量管理。例如，建筑信息模型、物联网、人工智能等技术可以为 TQM 提供更多的数据支持和实时监测。

2. 可持续建筑与环境保护

全球对可持续建筑和环境保护的关注逐渐增加，未来 TQM 可能更加强调在建筑项目中整合可持续性原则。这包括能源效率、材料选择、废弃物管理等方面的考虑。

3. 全生命周期管理

未来，TQM 可能更加关注建筑项目的全生命周期管理，包括规划、设计、施工、维护、拆除等各个阶段。这有助于建筑团队更好地理解项目的整体影响和效果。

4. 智能建筑与技术创新

随着智能建筑和新技术的不断涌现，TQM 将不仅关注传统的建筑工程质量，还将关注智能系统的质量和安全。技术创新可能导致 TQM 在建筑项目中有更广泛和深远的应用。

全面质量管理在建筑业的应用为提高项目质量、满足客户期望和优化项目管理提供了有力的方法。通过强调顾客导向、全员参与、连续改进和数据驱动决策等原则，TQM 有助于建筑项目的成功实施。

然而，TQM 的应用也面临一些挑战，包括文化转变、数据管理、专业分工和项目周期等。解决这些挑战需要组织有足够的韧性和决心，以适应 TQM 所带来的变革。

未来，随着数字化技术的普及和可持续性、重要性的增加，TQM 可能更加紧密地与这些趋势整合。通过不断创新和适应，TQM 将继续

为建筑项目的质量管理提供支持，推动建筑业朝着更高效、更可持续的方向发展。

二、环境管理体系与可持续建筑的连接

可持续建筑作为一个综合性的概念，旨在建筑项目的规划、设计、建造、使用和维护阶段，最大限度地减少对环境的负面影响，提高资源利用效率，实现经济、社会和环境的和谐发展。环境管理体系是一种为组织提供框架以有效管理其环境责任的方法。本书将探讨环境管理体系与可持续建筑之间的联系，分析如何通过有效的环境管理实践促进可持续建筑的实现。

（一）环境管理体系的基本原理

1. ISO 14001 标准

ISO 14001 是国际上最为广泛应用的环境管理体系标准，为组织提供了建立和运行环境管理体系的框架。该标准强调组织应对其环境影响进行系统性的管理，不断改进其环境绩效，并遵循适用的法规和其他要求。

2. 持续改进

环境管理体系的核心是持续改进。组织通过设立环境目标和指标，定期评估和监测环境绩效，以便不断改进其环境管理体系和降低环境影响。

3. 法规遵从

环境管理体系（EMS）要求组织遵守适用的法规和法律要求。这包括确保建筑项目在设计、建造和运营过程中符合环保法规，避免对环境造成不利影响。

4. 员工参与

EMS 强调员工的积极参与。组织需要培训和激励员工参与环境管理活动，使其成为环境保护的关键参与者。

（二）可持续建筑的关键特征

1. 资源效率

可持续建筑追求资源的高效利用。这涉及在设计和建造过程中选择可再生材料、降低废弃物和提高能源效率。

2. 环境友好材料

在可持续建筑中，选择环境友好的材料是至关重要的。这包括使用可再生材料、降低有害物质的使用，并优先选择具有良好循环利用性的材料。

3. 能源效率和使用

可持续建筑追求减少能源消耗，并倡导使用可再生能源。这包括采用高效的建筑设计、设备和系统，以最小化对环境的负面影响。

4. 水资源管理

可持续建筑注重水资源的有效管理，包括收集雨水、使用低流量设备、并采用灌溉和景观设计的可持续性原则。

5. 社会责任

可持续建筑也强调社会责任，包括在项目中考虑社区的需求，提高建筑对社会的积极影响，如提供就业机会、提高社区的生活质量等。

（三）环境管理体系与可持续建筑的连接

1. 法规遵从与环保设计

环境管理体系要求组织遵守适用的法规和法律要求。在可持续建筑中，法规遵从与环保设计密切相关。环保设计要求建筑项目在整个生命周期内考虑环境法规和标准，确保项目的设计和建造符合相关法规要求。通过将环境管理体系与环保设计相结合，建筑团队可以确保项目在法规层面上的合规性，避免对环境造成负面影响。

2. 持续改进与创新设计

环境管理体系的持续改进原则与可持续建筑中的创新设计密切相关。持

续改进要求组织不断寻找改进的机会，优化环境绩效。在可持续建筑中，创新设计是实现更高水平环境绩效的关键。通过引入新的设计理念、先进的建筑材料和技术，建筑团队可以不断改进项目的可持续性。

3. 资源效率与材料选择

环境管理体系强调资源效率，而在可持续建筑中，资源效率直接关联到材料的选择和使用。通过在环境管理体系中设立资源效率的目标，建筑团队可以在可持续建筑中选择符合环保标准的建筑材料，减少资源浪费，并降低对环境的不良影响。

4. 员工参与与社会责任

环境管理体系鼓励员工的积极参与，而在可持续建筑中，员工的参与也包括对社会责任的关注。员工在项目中的积极参与可以带动社会责任的实现，如与社区的互动、提高建筑的社会效益等。通过结合环境管理体系的员工参与原则和可持续建筑的社会责任原则，建筑项目可以更全面地实现可持续性目标。

5. 能源效率与绿色建筑

环境管理体系注重能源效率，而在可持续建筑中，绿色建筑是实现能源效率的关键手段之一。通过在环境管理体系中设立能源效率的目标，建筑团队可以采用绿色建筑的设计理念，包括使用可再生能源、优化建筑的能源性能等，以最大限度地减少对环境的能源需求。

（四）环境管理体系在可持续建筑中的应用

1. 整合管理体系

将环境管理体系与其他管理体系，如质量管理体系和安全管理体系相整合，可以实现对整个建筑项目的全面管理。这有助于确保在可持续建筑中不仅关注环境，还兼顾其他方面的可持续性，如质量和安全。

2. 环境风险评估

环境管理体系要求组织进行环境方面的风险评估。在可持续建筑中，这涉及评估建筑设计、施工和运营阶段可能对环境造成的潜在影响。通过早期的环境风险评估，建筑团队可以采取措施降低环境风险，确保项目的可持续性。

3. 环境绩效评估

环境管理体系要求组织设立环境绩效指标，并定期进行评估。在可持续建筑中，环境绩效评估可以包括建筑的能源使用情况、材料的环境友好性、废弃物处理等方面。通过持续监测和评估，建筑团队可以不断优化项目的可持续性。

4. 法规遵从与环保认证

环境管理体系要求组织遵守法规，而在可持续建筑中，还可以追求获得环保认证，如 LEED（领导能源与环境设计）认证。这可以作为一种额外的环保标志，证明建筑项目在环保方面达到一定的标准和级别。

（五）挑战与未来发展

1. 挑战

文化转变：将环境管理体系引入建筑项目可能需要组织文化的转变。建筑行业中存在一些传统的做法和观念，需要努力推动对可持续性的认知和重视。

复杂性和多样性：建筑项目涉及众多利益相关者，包括设计师、施工方、业主等。将环境管理体系应用到这样的多方利益相关者中，可能面临协同合作和信息共享的挑战。

2. 未来发展

数字化技术整合：随着建筑行业数字化的不断推进，环境管理体系可以更好地与数字化技术整合，利用大数据、人工智能等技术手段提升环境管理的效率。数字化技术可以用于实时监测和管理建筑的能耗、废弃物处理情况、材料来源等方面，从而更有效地实现可持续建筑的目标。

全球标准的发展：随着全球对可持续发展的共同关注，未来可能会出现

更多的全球性标准和认证体系，以规范建筑项目的环境管理实践。这有助于提高国际建筑行业的整体可持续性水平。

社会责任的强调：可持续建筑的理念越来越强调社会责任，包括对当地社区的贡献、社会公正、员工福利等。环境管理体系未来可能更加关注这些方面，推动建筑行业在社会层面的可持续发展。

生命周期分析的应用：未来的发展趋势可能会更加注重建筑项目的整个生命周期，包括设计、建造、运营和拆除等各个阶段。生命周期分析可以更全面地评估建筑项目的环境影响，帮助制定更科学、全面的环境管理策略。

环境管理体系与可持续建筑之间的连接是推动建筑行业向更可持续方向发展的重要桥梁。通过引入环境管理体系的原则，建筑团队可以更系统、有组织地管理项目的环境责任，从而实现资源的有效利用、降低对环境的不良影响，并提高项目的整体可持续性。

环境管理体系的应用需要建筑团队的全员参与，涉及法规遵从、持续改进、员工培训等多个方面。将环境管理体系与可持续建筑的原则相结合，不仅有助于确保项目在法规和法律要求方面的合规性，也有助于实现建筑项目在资源利用、环境友好材料选择、能源效率等方面的可持续性目标。

随着建筑行业的数字化进程、全球标准的逐步发展和社会责任的强调，未来环境管理体系与可持续建筑的连接将更加深入和全面。这将推动建筑行业朝着更加环保、经济、社会可持续的方向发展，为未来的城市发展和建设提供更可持续的解决方案。

三、项目管理理论与建筑质量管理的结合

项目管理理论和建筑质量管理是两个在建筑行业中至关重要的领域，它们的有效结合对于确保建筑项目的成功、质量和可持续性至关重要。本书将深入探讨项目管理理论与建筑质量管理的结合，分析如何通过项目管理的方法和工具来优化建筑质量管理，提高项目交付的效率和质量水平。

（一）项目管理理论

1. 项目管理的基本原理

项目管理是一种规划、执行和完成项目的系统性方法。

项目定义明确：项目管理要求在项目启动阶段明确定义项目的目标、范围、时间表、成本和关键成功因素。

团队协作：项目团队的协同工作是项目成功的关键。团队成员需要明确各自的角色和责任，确保信息流通畅，沟通高效。

阶段性计划：项目管理强调将整个项目分解为可管理的阶段，每个阶段都有具体的目标和交付物。

风险管理：项目管理理论关注项目风险的识别、评估和管理。通过有效的风险管理，项目团队能够及时应对可能影响项目成功的不确定性因素。

2. 项目管理工具和技术

项目管理理论涉及多种工具和技术。

工作分解结构（WBS）：WBS 帮助将项目的工作分解成可管理的任务，为项目团队提供了清晰的工作框架。

甘特图：甘特图是一种可视化工具，用于展示项目任务的时间安排，帮助项目经理和团队了解任务之间的依赖关系。

关键路径法（CPM）：CPM 是一种用于确定项目中关键任务和最短完成时间的技术，有助于项目团队优化资源分配和进度计划。

（二）建筑质量管理

1. 建筑质量管理的基本原理

建筑质量管理是确保建筑项目在设计、施工和维护阶段达到预期质量标准的过程。

顾客满意度：建筑质量管理的首要目标是满足业主和最终用户的期望，提供符合质量标准的建筑产品。

标准与规范遵循：质量管理要求建筑项目遵循相关的国家和行业标准，确保设计、施工和维护过程中符合质量要求。

持续改进：质量管理强调通过监测、评估和改进过程，不断提高建筑项目的质量水平。

2. 建筑质量管理的工具和技术

建筑质量管理涉及多种工具和技术。

检查和测试：定期的检查和测试是确保建筑质量的重要手段。这可以涉及材料的检测、结构的测试，以及施工过程的实地检查。

质量手册和程序：建筑项目通常需要制定详细的质量手册和程序，以确保所有团队成员了解和遵循质量标准。

质量培训：对项目团队成员的质量培训是确保他们具备足够的知识和技能，以便执行质量要求。

（三）项目管理理论与建筑质量管理的结合

1. 明确定义质量目标

项目管理理论要求在项目启动阶段明确定义项目的目标和关键成功因素。在与建筑质量管理结合时，这意味着质量目标应该在项目计划的早期阶段就明确规定。例如，确定建筑物的设计标准、结构质量要求、材料标准等，以确保项目从一开始就朝着质量目标努力。

2. 建立有效的沟通机制

项目管理理论强调团队协作和有效的沟通。在建筑质量管理中，建立有效的沟通机制至关重要。项目经理和质量团队之间的良好沟通可以确保所有质量要求和标准被准确传达给施工团队，避免误解和不一致。

3. 质量计划与项目计划的整合

项目管理理论要求制定全面的项目计划，包括任务分解、资源分配、时间表等。在与建筑质量管理结合时，项目计划应包括明确的质量计划，指明如何实施、监测和控制质量。这确保了质量管理活动与整体项目管理相协调。

4. 风险管理与质量控制结合

项目管理理论的风险管理原则与建筑质量管理的质量控制密切相关。在项目管理中，风险管理涵盖了对潜在问题和障碍的识别、评估和应对计划。在建筑质量管理中，风险可以包括材料质量、工艺问题、设计变更等。通过将风险管理和质量控制相结合，项目团队可以更全面地管理潜在的质量风险，确保项目按计划高质量地完成。

5. 使用项目管理工具优化建筑质量管理

项目管理工具和技术，如工作分解结构、甘特图、关键路径法（CPM）等，可以在建筑质量管理中发挥关键作用。通过使用这些工具，可以更好地规划和跟踪质量管理活动，确保项目按时交付，同时满足质量标准。

WBS：可用于将质量管理任务细分为可管理的子任务，确保每个质量方面都得到了充分的考虑。

甘特图：可用于可视化质量活动的时间表，帮助项目团队了解关键任务和整体进度。

CPM：可用于确定影响质量目标的关键路径，确保在项目的关键时间点上实施必要的质量控制活动。

6. 建立质量评估和审核机制

项目管理理论中常用的质量评估和审核机制，如阶段审查、质量审核、检查点等，可以与建筑质量管理相结合。通过定期的评估和审核，项目团队可以识别潜在的问题，及早采取纠正措施，确保项目保持在预期的质量标准下进行。

7. 绩效度量与质量指标结合

在项目管理理论中，绩效度量是评估项目进展和质量的重要手段。建筑质量管理也需要一套明确的质量指标。通过将项目管理的绩效度量与建筑质量的指标结合，项目团队可以更准确地评估项目的整体表现，及时调整并提高质量水平。

（四）挑战与未来发展

1. 文化差异和合作难题

将项目管理理论和建筑质量管理相结合可能面临文化差异和合作难题。项目管理强调协同工作和团队合作，而建筑行业中涉及多个利益相关方，他们可能具有不同的文化和利益。因此，建立一个有效的合作文化和团队协作机制是一个挑战。

2. 信息技术的应用

随着信息技术的不断发展，项目管理和建筑质量管理都可以受益于数字化工具和技术的应用。然而，采用新的技术可能需要建筑行业进行相应的变革和培训，这可能是一个阻碍的因素。

3. 多方利益相关者的管理

建筑项目涉及多方利益相关者，包括业主、设计师、施工方、监理等。在项目管理和建筑质量管理中，有效地管理这些利益相关者，确保他们的期望和需求得到充分考虑，是一项挑战。

4. 可持续建筑和绿色标准

未来建筑行业将更加注重可持续性和绿色建筑标准。将这些要求整合到项目管理和建筑质量管理中，需要更多的综合性方法和创新。

5. 全球标准的制定与推广

为了更好地整合项目管理理论和建筑质量管理，可能需要更多的全球标准和最佳实践的制定与推广。这将有助于建筑行业在全球范围内实现更高水平的项目管理和建筑质量管理。

（五）未来发展趋势

1. 数字化技术的应用

随着数字化技术的发展，建筑行业可以采用先进的工具和技术来提高项目管理和建筑质量管理的效率。例如，建筑信息模型、人工智能、物联网等技术可以用于实时监测和优化建筑过程。

2. 综合性管理方法

未来发展可能会趋向于更综合性的管理方法，将项目管理、建筑质量管理、可持续性管理等方面整合起来。这有助于建筑行业更全面地考虑各个方面的需求和目标。

3. 强调社会责任

未来的建筑项目可能会更加强调社会责任，包括对当地社区的影响、员工的福利，以及项目的社会价值。这将影响到项目管理和建筑质量管理的方方面面。

4. 教育和培训的重要性

为了更好地整合项目管理和建筑质量管理，未来可能需要加强教育和培训，确保建筑专业人员具备跨学科的知识和技能。培训计划可以包括项目管理培训、质量管理培训，以及可持续性培训，以提高专业人员的整体素质。

5. 智能建筑和智能质量管理

随着智能建筑技术的发展，未来建筑质量管理可能会更加注重智能化。通过利用传感器、数据分析和自动化技术，可以实现对建筑质量的实时监测和调整，提高建筑项目的整体效能。

6. 强调生命周期管理

未来发展趋势可能会强调建筑项目的生命周期管理。这包括设计、建造、运营、拆除等不同阶段的全面管理，以确保建筑质量在整个生命周期内得到持续的关注和改进。

7. 国际标准和认证的普及

随着全球化的不断推进，建筑行业可能会更加普及采用国际标准和认证体系，如 ISO 质量管理体系认证。这有助于提高建筑项目在国际上的竞争力，同时推动行业朝着更高水平的管理和质量要求发展。

项目管理理论和建筑质量管理作为建筑行业的两大支柱，在提高项目效率、确保质量和促进可持续性方面都发挥着关键作用。通过将这两者结合起

来，建筑行业可以实现更综合、高效和可持续的项目交付。

在结合项目管理理论和建筑质量管理时，关键在于明确质量目标、建立有效的沟通机制、整合质量计划和项目计划、将风险管理与质量控制相结合，以及充分利用项目管理工具和技术。这种综合性的管理方法有助于确保建筑项目按时、按质、按成本完成，并满足业主和社会的期望。

未来，随着数字化技术的应用、智能建筑的发展，以及全球标准的普及，建筑行业将迎来更多的机遇和挑战。通过不断学习和适应新的管理方法和技术，建筑专业人员可以更好地应对未来的变革，推动建筑行业朝着更可持续、智能化和高质量的方向发展。项目管理理论与建筑质量管理的结合将在这一过程中发挥重要作用，推动行业的不断创新和进步。

第三章　QFD 在建筑质量管理中的应用框架

第一节　关键因素识别与重要性分析

一、QFD 在建筑项目中的关键因素识别方法

（一）QFD 的实施步骤

1. 确定顾客需求

在建筑项目中，首要任务是明确定义业主和其他利益相关者的需求。这可能涉及与业主的沟通、市场调研，以及对过去类似项目的经验总结。顾客需求的明确定义对于后续的 QFD 步骤至关重要。

2. 制定战略目标

基于顾客需求，团队制定战略目标。这些目标是高层次的、宏观的，与满足业主期望和项目成功紧密相关。如一个战略目标可能是“提高建筑的可持续性”。

3. 建立 QFD 矩阵

QFD 矩阵是 QFD 方法的核心工具。矩阵中的行对应于战略目标，列对应于与之相关的详细设计特性。通过在矩阵中交叉战略目标和设计特性，可

以建立二者之间的关联。

4. 分配权重和关联度

在 QFD 矩阵中，需要为每个设计特性分配权重，表示其对应战略目标的重要性。同时，需要为每个战略目标和设计特性之间的关联度打分。这有助于确定设计特性对于实现战略目标的贡献程度。

5. 确定设计特性的实现计划

基于 QFD 矩阵的分析，团队制定每个设计特性的实现计划。这可能包括具体的设计决策、工程方案、施工方法等。通过这一步骤，QFD 将高层次的战略目标转化为具体的操作计划。

（二）QFD 在建筑项目中的关键工具

1. 鱼骨图

鱼骨图是一种帮助团队识别问题根本原因的工具。在 QFD 的实施中，鱼骨图可用于深入分析与设计特性相关的潜在问题，帮助团队更好地理解和解决问题。

2. 流程图

流程图可以用于描述建筑项目的不同阶段和流程。在 QFD 中，流程图有助于识别哪些流程和阶段对于实现特定的设计特性和战略目标至关重要。

3. SWOT 分析

SWOT 分析是对项目中的优势、劣势、机会和威胁进行全面评估的工具。在 QFD 中，SWOT 分析可以帮助团队更全面地考虑设计特性和战略目标的内外部因素。

4. PDCA 循环

PDCA（Plan-Do-Check-Act）循环是一种管理和持续改进的方法。在 QFD 中，团队可以通过反复进行 PDCA 循环，不断调整和优化 QFD 矩阵，确保项目在整个生命周期中保持对顾客需求的满足。

（三）QFD 在建筑项目中的应用

1. 需求分析

在建筑项目启动阶段，QFD 可以用于需求分析。通过与业主和其他利益相关者的沟通，QFD 可以帮助团队深入了解他们的期望和需求。这一阶段涉及明确识别和定义项目的主要目标、业主的期望、项目的功能和性能要求等。通过建立 QFD 矩阵，团队可以将这些需求与项目的设计特性相关联，确保设计和实施阶段充分考虑到所有重要的顾客需求。

2. 设计决策支持

在项目的设计阶段，QFD 可以为团队提供决策支持。通过分析 QFD 矩阵，团队可以清晰地看到每个设计特性对于实现项目的战略目标的贡献程度。这有助于优先考虑最关键的设计特性，确保资源的有效分配，并使设计决策更加客观和有针对性。

3. 质量控制和变更管理

QFD 在项目的执行和监控阶段也具有重要作用。通过持续跟踪 QFD 矩阵中的设计特性，团队可以实时监测项目的进展，并及时发现和纠正潜在的问题。此外，如果需要进行项目变更，QFD 可以帮助团队全面评估变更对于原有设计特性和战略目标的影响，以作出明智的决策。

4. 客户满意度评估

QFD 的应用不仅有助于项目内部的管理，还有助于评估客户满意度。通过跟踪项目实施过程中与 QFD 矩阵相关的设计特性，团队可以在项目完成后进行客户满意度评估。这有助于收集客户的反馈，了解项目的成功之处和改进的空间，为未来项目提供经验教训。

（四）关键成功因素和挑战

1. 关键成功因素

团队合作：QFD 的成功依赖于团队的密切合作。跨足不同领域的团队

成员需要有效沟通和协同工作，确保每个人都能充分理解和贡献。

明确定义需求：一个成功的 QFD 过程始于对业主和利益相关者需求的清晰和全面的定义。团队需要投入足够的时间和资源来确保需求的准确性和详细性。

持续改进：QFD 强调持续改进的理念。团队需要不断回顾 QFD 矩阵，根据实际情况进行调整，确保项目在整个生命周期中保持对顾客需求的满足。

2. 挑战

数据收集和分析：对于 QFD 的成功应用，需要大量的数据支持。在建筑项目中，有时可能存在数据不完整或不准确的问题，这可能成为 QFD 应用的挑战之一。

团队培训：QFD 需要团队成员具备一定的专业知识和技能。因此，团队培训是至关重要的，以确保团队成员理解并能够有效应用 QFD 方法。

复杂性管理：大型建筑项目通常涉及复杂的设计、施工和管理过程。在这种情况下，QFD 的实施可能更具挑战性，需要更细致入微地分析和管理。

（五）未来发展趋势

1. 数字化技术的应用

随着建筑行业的数字化转型，未来 QFD 的应用可能会更加依赖数字化技术。建筑信息模型等数字工具可以帮助团队更有效地收集、分析和应用与设计特性相关的数据。

2. 人工智能和模拟技术

人工智能和模拟技术的应用可能使 QFD 更具前瞻性。通过利用人工智能分析大量数据，团队可以更快速地识别关键设计特性和优化方案。模拟技术可以用于评估不同设计决策对项目的影响。

3. 可持续建筑的强调

未来建筑项目中，可持续建筑的需求可能会更加强烈。QFD 将在这一趋势下发挥关键作用，帮助团队有效地整合可持续性目标和设计特性，以满足社会对绿色建筑的期望。

4. 全球标准的推广

为了促进全球建筑行业的一致性和可比较性，未来可能会加强全球标准的推广。这将有助于 QFD 方法在国际范围内的一致性和标准化应用。

总体而言，QFD 在建筑项目中的关键因素识别方法，为建筑行业提供了一种系统性的质量管理工具，有助于实现项目的成功交付和客户的满意度。通过综合考虑顾客需求、设计特性、战略目标，以及不断的持续改进，QFD 为建筑项目提供了一种有效的方法，以确保项目在复杂的环境中达到高质量水平。随着建筑行业的发展，QFD 将继续发挥其重要作用，为项目管理和质量控制提供有力支持。

二、重要性分析与优先级判定的应用

在生活和工作中，常常面临各种各样的任务和决策，而这些任务和决策通常都具有不同的重要性和紧急性。因此，为了有效地管理时间和资源，需要进行重要性分析和优先级判定。本书将探讨重要性分析与优先级判定的应用，包括其在个人生活、职业领域，以及项目管理中的重要性，并提供一些实际应用的示例。

（一）重要性分析与优先级判定的概念

重要性分析是指对任务、事项或决策进行评估，以确定它们在整体目标或目标达成中的重要性。重要性通常与目标的相关性和长期影响有关。

目标的关键性：任务是否直接与实现主要目标相关？

长期影响：任务是否会在未来产生重要的影响？

可行性：任务是否可行，是否能够完成？

时间敏感性：任务是否有截止日期或紧急性？

资源需求：任务是否需要大量时间、金钱或其他资源？

优先级判定是在重要性分析的基础上，确定任务或事项的执行顺序。通常，会将任务分为高、中、低三个优先级，以便更好地安排时间和资源。优先级判定可以帮助决定首先处理哪些任务，以最大化效率和成果。

（二）个人生活中的应用

在个人生活中，重要性分析与优先级判定是非常有用的，它可以帮助我们更好地管理时间、实现个人目标和提高生活质量。

1. 日常任务管理

在日常生活中，面临各种各样的任务，如家务、购物、健康管理等。通过对这些任务进行重要性分析和优先级判定，可以确定哪些任务需要首先完成，哪些可以推迟或委托给他人。例如，健康管理可能是一个高优先级任务，而购物可能是一个中等优先级任务。

2. 目标设定与追踪

个人发展和成长通常需要制定明确的目标。通过对这些目标进行重要性分析，可以确定哪些目标对我们的长期发展最为重要。然后，通过设置优先级，可以确定应该首先努力实现哪些目标。例如，如果职业晋升是非常重要，那么将工作任务设置为高优先级是合理的。

3. 时间管理

时间是有限的资源，有效的时间管理对于个人生活至关重要。通过将任务和活动按照其重要性和紧急性进行分类，并制定时间表，可以更好地安排时间，确保首先处理最重要的事项。这有助于减少焦虑和提高效率。

（三）职业领域中的应用

在职业领域，重要性分析与优先级判定对于提高工作效率、实现职业目标和管理项目至关重要。以下是一些在职业领域中应用的示例。

1. 工作任务管理

在工作中，通常有各种各样的任务和项目需要处理。通过对这些任务进行重要性分析，可以确定哪些任务对于实现公司目标或个人职业目标最为关键。然后，通过设置任务的优先级，可以确保首先处理最重要的任务，以提高工作效率。

2. 职业发展规划

职业发展规划涉及到制定长期职业目标和计划，以实现个人职业愿景。通过对职业发展目标进行重要性分析，可以确定哪些步骤对于实现这些目标至关重要。然后，可以为每个步骤设置优先级，以确保在职业发展中取得进展。

3. 项目管理

在项目管理中，重要性分析和优先级判定是关键的工具。项目经理需要确定项目中的各个任务和活动的重要性，以便分配资源和制定项目计划。通过设置任务的优先级，项目团队可以更好地管理项目进度，并确保按时完成关键任务。

（四）项目管理中的应用

在项目管理中，重要性分析与优先级判定对于确保项目按计划进行并达到预期结果至关重要。以下是一些在项目管理中应用的示例。

1. 项目任务分配

在项目启动阶段，项目经理需要对项目中的各个任务进行重要性分析，以确定哪些任务对于项目成功至关重要。然后，项目经理可以为每个任务设置优先级，并将任务分配给适当的团队成员，以确保项目按时完成。

2. 风险管理

在项目管理中，风险分析是一个关键步骤。通过对项目风险进行重要性分析，项目团队可以确定哪些风险可能对项目的成功产生最大的影响。然后，项目团队可以为高风险项目制定应对策略，并为应对措施设置优先级。这有助于确保在面临风险时，团队能够有序、迅速地采取行动，最大程度地减少潜在的负面影响。

3. 项目资源管理

在项目执行阶段，资源的合理分配对于项目的成功至关重要。通过对项目中各项任务和活动的重要性进行分析，项目经理可以确定哪些任务需要更多的资源支持。然后，通过为任务设置优先级，项目经理可以有效地分配资源，确保关键任务得到足够的关注和支持。

4. 项目进度控制

在项目执行过程中，监控项目进度是不可或缺的。通过对任务和阶段的重要性进行分析，团队可以确定关键的里程碑和交付物。通过设置这些任务的优先级，团队可以更好地控制项目进度，确保按计划推进。

（五）重要性分析与优先级判定工具的应用

在进行重要性分析与优先级判定时，有许多工具可供使用，这些工具可以帮助个人和团队更系统地进行任务和项目管理。以下是一些常用的工具。

1. 艾森豪威尔矩阵

艾森豪威尔矩阵是一种简单而有效的工具，将任务分为四个象限：重要且紧急、重要但不紧急、紧急但不重要、不紧急不重要。通过将任务放入相应的象限，个人或团队可以更清晰地看到哪些任务应该首先处理。

2. Gantt 图

Gantt 图是一种时间表图，通过图形方式展示项目任务的时间安排。它显示了任务的开始和结束日期，以及它们在整个项目周期中的相对位置。通过观察 Gantt 图，项目团队可以了解每个任务的优先级和整体进度。

3. 优先级列表

优先级列表是一种简单直观的工具，通过列举任务并为其分配优先级，可以清晰地看到哪些任务是最重要的。这可以是纸质或电子形式的列表，便于随时更新和调整。

4. Kanban 板

Kanban 板是敏捷项目管理中常用的工具，通过列出待办、进行中和已完成的任务，团队可以快速了解工作流程。通过向不同列添加任务卡片，并设置任务的优先级，团队可以更好地管理和追踪任务。

重要性分析与优先级判定是在个人生活、职业领域和项目管理中实现有效时间和资源管理的关键工具。通过理解任务和决策的重要性，可以更有针对性地分配资源、提高效率，并更好地实现个人和团队的目标。

在现代社会，时间是一种宝贵的资源，对其进行有效管理对于个人和组织来说至关重要。通过应用重要性分析与优先级判定，能够更加明晰地认识任务的价值，作出更明智的决策，提高工作和生活的质量。在不断变化和复杂的环境中，这些工具和方法的应用将成为成功的关键因素。

第二节　QFD 在建筑质量管理中的定位

一、QFD 在建筑阶段的应用与价值

（一）QFD 在建筑阶段的应用

1. 设计阶段

需求分析与整理：在建筑设计阶段，团队需要了解业主和利益相关者的需求。通过 QFD，可以将各方的需求系统化地收集和整理，确保不遗漏任何重要的方面，从而为后续的设计工作提供明确的方向。

目标设定：QFD 有助于将抽象的客户需求转化为可量化、可测量的设计目标。例如，如果业主强调项目的可持续性，QFD 可以帮助团队将这一要求具体化为设计中的绿色建筑标准。

指标设定：在设计阶段，具体的技术和材料选择对项目的实现至关重要。QFD 可用于确定实现设计目标所需的具体指标，如材料的环保性、结构的稳定性等。

矩阵部署：QFD 矩阵在设计阶段的应用，能够帮助设计团队将各项设计决策与最终用户需求对应起来。这有助于确保设计决策不仅满足技术要求，还兼顾用户体验。

2. 施工阶段

工程实施目标：QFD 不仅适用于设计阶段，还可以在施工阶段用于制定工程实施目标。通过将设计目标转化为施工要求，QFD 确保了在施工过程中不会丢失设计的关键要素。

质量控制：在建筑工程中，质量是一个至关重要的因素。QFD 通过将设计目标和质量控制指标联系起来，有助于确保在施工过程中达到设计和客户期望的质量水平。

风险管理：在建筑项目中，风险管理是一个复杂的任务。通过在 QFD 中考虑风险因素，团队可以在施工阶段更好地预测和管理可能出现的问题，从而降低项目的不确定性。

安全性考虑：在建筑阶段，安全性是一个关键问题。通过将安全要求整合到 QFD 中，可以确保施工过程中的设计和实施都符合相关的安全标准和法规。

3. 项目管理

时间和成本控制：QFD 在项目管理中的应用可以帮助团队更好地理解项目目标，并确保项目进度和成本控制与这些目标一致。通过将项目目标与时间表和预算相关联，可以更容易地追踪和管理项目的执行。

团队协作：在 QFD 的过程中，多个利益相关者通常参与讨论和决策。这有助于提高团队协作和理解，确保各个团队成员对项目目标的共识，并能够有序地协同工作。

项目评估与改进：项目结束后，QFD 的应用不仅有助于评估项目的整体成功程度，还可以通过回顾和分析 QFD 矩阵，了解项目过程中的优势和不足，为未来项目提供经验教训。

（二）QFD 的价值

1. 满足客户需求

QFD 的主要目标是将顾客的需求转化为设计和实施的特性，从而确保项目最终能够满足客户的期望。通过系统性地收集、分析和优化客户需求，建筑项目能够更准确地反映客户的期望，提高客户满意度，增强项目的竞争力。

2. 提高项目质量

QFD 通过将设计和实施的关键要素与客户需求对应起来，有助于确保项目的质量得到有效管理。从设计阶段到施工阶段，QFD 的应用使得项目团队能够在整个项目周期内关注关键质量指标，确保项目交付的质量符合最初的设计目标。

3. 降低项目风险

在建筑项目中，许多风险涉及到设计、工程实施、安全等多个方面。QFD 通过在项目计划中考虑这些风险因素，帮助团队更好地预测、识别和管理潜在的问题。通过降低风险，项目能够更好地遵循计划，减少项目变更和额外成本。

4. 提高项目效率

QFD 通过明确设计目标、工程实施目标和质量控制指标，为项目提供了清晰的方向。这有助于避免在项目执行过程中的不必要的返工和调整，提高项目执行的效率。通过更好的组织和计划，项目可以更快、更高效地完成。

5. 增强团队协作与沟通

QFD 的过程涉及多个利益相关者的参与，包括业主、设计师、工程师等。通过这种协作的方式，QFD 促进了跨职能团队的协作和沟通。所有团队成员对项目目标的共识有助于避免信息不对称和理解差异，从而提高项目的整体协同效率。

6. 持续改进与学习

QFD 不仅是一个工具，更是一个促使团队不断学习和改进的方法。通过在项目结束后回顾 QFD 矩阵，团队可以从项目中获取宝贵的经验教训，为将来的项目提供指导。这种循环的学习过程有助于团队在不断改进中不断提高绩效。

7. 客观决策支持

QFD 通过客观地将顾客需求、设计目标和质量控制指标联系起来，为决策提供了客观的依据。在项目的不同阶段，团队可以基于 QFD 的结果做出明智的决策，从而提高项目的整体效能。

综合而言，QFD 在建筑阶段的应用为项目提供了一种系统性的方法，以确保项目能够最终满足客户需求、提高质量、降低风险，并在团队之间促进更好的协作和沟通。其价值不仅体现在项目交付阶段，更在于为整个项目过程的持续改进和学习提供了框架。通过 QFD 的应用，建筑项目可以更加有效地达到设计目标，超越客户期望，为业主和利益相关者创造更大的价值。

二、QFD 在施工阶段的具体运用

在建筑项目中，QFD 的应用不仅限于设计阶段，还可以在施工阶段发挥关键作用。本书将深入探讨 QFD 在建筑项目施工阶段的具体运用，包括其在工程实施目标设定、质量控制、风险管理、安全性考虑等方面的应用。

（一）施工阶段的特点和挑战

在建筑项目的施工阶段，项目团队面临多方面的挑战和任务。

工程实施目标的制定：在施工阶段，设计阶段的概念需要被转化为具体的施工目标。这涉及对设计文件的理解、工程技术的选择以及具体实施计划的制定。

质量控制：施工质量直接关系到建筑的可持续性、使用寿命和客户满意度。质量控制需要考虑到施工过程中的各个环节，确保符合设计标准和质量要求。

风险管理：施工现场常常涉及多种风险，包括但不限于安全风险、材料供应风险、工程进度风险等。有效的风险管理是确保项目成功完成的重要因素。

安全性考虑：施工现场通常是一个高度危险的环境，因此安全性是至关重要的。在施工阶段，需要采取措施确保工人和相关利益相关者的安全。

在这样的背景下，QFD 作为一种系统性的管理工具，能够帮助项目团队在施工阶段更好地管理和解决这些挑战。

（二）QFD 在施工阶段的具体运用

1. 工程实施目标的设定

在施工阶段，QFD 可以用于将设计阶段的目标转化为具体的施工目标。这包括了对设计文件的深入理解，对材料和技术的选择，以及对施工计划的制定。QFD 矩阵可以被用来建立这些关联，确保每个设计目标都有对应的施工实施目标。

需求获取：收集设计文件中的要求，并考虑实际施工的可行性。

需求分析：分析设计目标的相互关系，识别对施工最为关键的要素。

目标设定：将设计目标转化为具体的施工目标，考虑到实际的施工条件和限制。

指标设定：为每个施工目标设定明确的指标和参数，以便量化和测量。

矩阵部署：使用 QFD 矩阵将设计目标与施工目标相互关联，确保每个设计决策都在施工阶段得到充分的考虑。

2. 质量控制

目标设定与指标制定：QFD 在质量控制中的应用包括将设计质量目标转化为实际的施工质量控制指标。例如，如果设计要求某个结构的承载能力达到一定标准，QFD 可以帮助将这一要求具体化为实际的测试和监测标准。

过程控制：QFD 可用于制定并监控施工过程中的质量控制计划。通过

将关键的施工过程与质量目标相关联，团队可以确保每个步骤都符合质量标准，从而减少质量问题的发生。

反馈机制：QFD 有助于建立有效的质量反馈机制。通过将实际的施工结果与质量目标进行比较，团队可以及时发现问题并采取纠正措施，以确保项目的整体质量水平。

3. 风险管理

风险辨识：在施工阶段，QFD 可以用于辨识和分类各种潜在风险。通过与设计要求的关联，团队可以更好地了解哪些风险可能对项目目标产生最大的影响。

风险分析：对识别的风险进行分析，包括风险的概率、影响和可能的应对措施。QFD 可以帮助团队确定哪些风险最为关键，应该得到特别的关注。

应对策略：将应对策略与风险相关联，确保在风险发生时有明确的应对计划。这有助于降低风险的潜在影响，从而提高项目成功的可能性。

矩阵部署：使用 QFD 矩阵将风险因素与相关的设计和施工要素关联起来，形成全面的风险管理计划。这有助于确保在整个项目周期中，风险管理与实际的施工活动保持一致。

4. 安全性考虑

安全目标设定：利用 QFD，项目团队可以将设计阶段的安全性要求转化为实际的施工安全目标。例如，如果设计要求在某个高度使用特定的安全设备，QFD 可以帮助确定实际的使用标准和程序。

安全控制措施：在施工阶段，QFD 可用于制定具体的安全控制措施，确保每个阶段都符合相应的安全标准。这可能包括工人培训、使用个人防护设备、施工现场的标识等。

安全性监控：利用 QFD 的指标设定，可以建立安全性监控机制，实时跟踪施工现场的安全情况。这使得团队能够及时发现潜在的安全隐患并采取措施防范事故发生。

员工参与：QFD 的过程通常涉及多个利益相关者的参与，包括设计师、工程师和施工人员。在安全方面，员工的参与至关重要，QFD 可以帮助他们对安全目标的理解和共识。

5. 项目进度与成本控制

进度目标设定：QFD 可用于将项目计划中的时间目标与设计阶段的目标相互关联，确保施工阶段的进度计划符合项目的整体目标。

成本控制目标：同样，QFD 可用于将项目的成本目标转化为具体的施工成本控制指标。这有助于确保施工活动在预算范围内进行，并减少额外成本的发生。

矩阵部署：使用 QFD 矩阵，将进度和成本目标与相关的设计和施工要素相互关联，确保每个决策都考虑了时间和成本的影响。

反馈与调整：利用 QFD 的监控和反馈机制，团队可以及时了解项目的实际进度和成本情况。这有助于及时调整计划，确保项目能够按时完成且不超出预算。

6. 持续改进与学习

经验教训总结：在项目结束后，QFD 的应用不仅可以帮助评估项目整体成功程度，还可以通过回顾和分析 QFD 矩阵，了解项目过程中的经验教训。这有助于团队从项目中获取宝贵的经验，为未来的项目提供指导。

循环学习：QFD 的过程是一个不断循环的学习过程。通过不断回顾和改进 QFD 矩阵，团队可以逐步提高其在施工阶段的管理水平，确保每个项目都能够从前一项目的经验中吸取教训。

团队协作：QFD 的应用涉及多个利益相关者的参与，这促进了跨职能团队的协作和沟通。所有团队成员对项目目标的共识有助于避免信息不对称和理解差异，提高项目的整体协同效率。

QFD 在建筑项目施工阶段的应用可以为项目团队提供系统性的管理方法，以应对施工阶段的多样性和挑战性任务。通过将设计目标转化为具体的施工目标，QFD 确保了项目的连贯性和一致性。在质量控制、风险管理、安全性考虑、项目进度和成本控制等方面，QFD 的应用使得团队能够更好

地识别、分析和解决问题。同时，QFD 还促进了团队的学习和改进，为未来的项目提供了宝贵的经验教训。在一个复杂而变化的建筑环境中，QFD 的具体运用为项目的成功提供了可靠的支持和指导。

第三节 QFD 应用流程与步骤

一、QFD 的具体应用步骤与流程

QFD 的应用涉及多个步骤和流程，其目标是通过团队的协作，确保产品或服务在满足客户期望的同时，具备高质量和创新性。以下是 QFD 的具体应用步骤与流程，以帮助项目团队更好地理解和实施这一方法。

1. 需求获取阶段

QFD 的第一步是收集和整理所有与项目相关的需求。这包括来自顾客、市场、业务规划等方面的需求。在这个阶段，可以使用各种调查、访谈、用户反馈等方法，以确保所有利益相关者的声音都被充分听到。

利益相关者识别：确定所有可能的利益相关者，包括顾客、内部团队成员、业务合作伙伴等。

需求收集：使用各种方法（调查、访谈、工作坊等）收集各个利益相关者的需求。这些需求可以是直接的、明确的，也可以是间接的、隐含的。

需求整理：将收集到的需求进行整理和分类，确保不重复，形成一个清晰的需求列表。

2. 需求分析阶段

在这一阶段，团队对需求进行分析，确定它们之间的关系，识别出重要性和优先级，并为后续的步骤奠定基础。

需求分类：将需求分为不同的类别，如技术性需求、操作性需求、市场需求等。

需求关系分析：分析各个需求之间的相互关系，确定它们之间的依赖关系和影响关系。

重要性评估：为每个需求分配权重，确定它们的相对重要性。这可以通过调查、专家评审等方法进行。

3. 目标设定阶段

在这一阶段，团队将客户的需求转化为项目的具体目标，确保每个需求都有相应的目标与之对应。

需求转化：将每个需求翻译为具体的项目目标。目标应该是可度量、可衡量的，以便后续的评估和追踪。

目标优先级：确定每个目标的优先级，确保团队集中精力实现最重要的目标。

目标量化：将目标量化为具体的指标和参数，以便后续的评估和测量。

4. 指标设定阶段

在这个阶段，团队为实现目标所需的具体指标和参数进行设定，确保这些指标可以量化和测量。

指标明确：为每个目标设定具体的度量指标，以便在项目执行过程中能够量化和监控。

度量方法：确定每个指标的度量方法和测量标准，以确保团队对于指标的理解一致。

指标关联：将指标与之前的需求和目标关联起来，确保每个指标都是为实现客户需求而设定的。

5. 矩阵部署阶段

在这个阶段，使用 QFD 矩阵将之前收集到的信息整合起来。矩阵部署是 QFD 方法的核心步骤，通过这一步，将客户需求、设计特征和实现手段联系在一起。

构建 QFD 矩阵：将需求、目标和指标放入 QFD 矩阵的相应位置，形成一个清晰的关联图。

关联程度评估：根据每个需求和目标之间的关系，评估它们之间的关联程度。这可以通过主观评估或数据分析来完成。

关联权重分配：为每个需求和目标的关联分配权重，以指导后续的决策和执行。

6. 决策和实施阶段

在这个阶段，团队开始根据 QFD 的结果制定决策和实施计划。这包括确定具体的设计特征、制定项目计划、分配资源等。

设计特征确定：根据 QFD 矩阵的结果，确定项目的具体设计特征，确保它们与客户需求和项目目标相一致。

项目计划制定：制定详细的项目计划，确保在项目执行过程中能够有效地实现设定的目标。

资源分配：根据项目的需求和目标，合理分配资源，确保项目在质量、时间和成本方面的平衡。

7. 监控和改进阶段

在项目执行的过程中，QFD 需要持续的监控和改进。这一阶段旨在确保项目持续地满足客户需求，并通过反馈机制实现不断的改进。

监控执行：定期监控项目的执行情况，包括指标的达成情况、目标的实现程度，以及与客户需求的符合程度。

收集反馈：收集来自实际执行的反馈信息，包括客户的反馈、项目团队的观察和度量指标的结果等。

分析结果：分析监控和反馈的结果，评估项目的整体绩效，识别存在的问题和改进的机会。

改进计划：制定改进计划，包括纠正措施、预防措施和创新性的改进。确保经验教训被记录并用于未来项目的提高。

8. 团队协作与沟通

QFD 的实施需要团队协作和有效的沟通。在每个阶段，确保团队的不同成员都参与到决策和执行中，以确保不同专业领域的专业知识都被综合考虑。

团队培训：为团队成员提供关于 QFD 方法和工具的培训，确保每个成员了解其在整个过程中的角色和责任。

跨职能合作：促进不同职能团队之间的协作，确保设计、生产、质量控制等方面的团队之间有良好的信息流动和协作。

持续沟通：在整个项目过程中，保持开放和透明的沟通。确保团队成员可以随时分享信息、提出问题，并能够参与到决策和改进中。

9. 持续改进循环

QFD 是一个不断学习和改进的过程。在项目结束后，将项目的经验教训和改进点纳入 QFD 的知识库，以促使未来项目的进一步提高。

经验总结：对项目的整体执行过程进行总结和回顾，识别成功因素和改进点。

知识库更新：将项目的经验教训、成功实践和改进点更新到 QFD 的知识库中，以便未来项目的参考。

培训和分享：将项目的经验教训分享给整个组织，以促使组织在 QFD 的应用中不断学习和提高。

QFD 作为一种系统性的方法，能够帮助团队将顾客需求有效地转化为可操作的设计和执行计划。通过明确的步骤和清晰的流程，QFD 使得团队能够集中精力于满足客户期望，同时在项目的各个阶段保持一致性和连贯性。这一方法不仅能够提高项目的质量，还能够促进团队的协作、沟通和学习，为项目的成功提供了可靠的框架和工具。在实施 QFD 时，团队应根据具体项目的特点和要求进行灵活调整，以确保其最大程度地适应项目的实际需求。

二、与传统建筑质量管理方法的比较

建筑质量管理是确保建筑项目在设计、施工和运营阶段达到高质量标准的关键过程。传统建筑质量管理方法和 QFD 作为一种系统性的质量管理方法，在方法论、流程和效果等方面存在明显的差异。以下是传统建筑质量管

理方法与 QFD 的比较，从中可以了解它们的优势和不同之处。

（一）传统建筑质量管理方法

分阶段管理：传统建筑质量管理通常分为设计、招标、施工和验收等阶段。每个阶段有特定的管理程序和标准。

单向传递：信息和要求通常是单向传递的，即从上游到下游。设计阶段完成后，施工团队接收设计文件，然后进行施工，最终项目验收。

强调合规性：传统方法通常更注重合规性和符合法规标准。通过检查和验收确保项目符合建筑法规和质量标准。

问题发现晚：传统方法中，问题通常在施工后的验收阶段才被发现。这可能导致问题的修复成本增加，并影响整体工程的进度。

项目结束后的反馈：大部分反馈和教训学习发生在项目完成后，项目经验并不总是能够立即应用于未来的项目。

（二）质量功能展开

系统性方法：QFD 是一种系统性的质量管理方法，旨在将顾客需求转化为设计和制造的实际特性。它考虑了整个项目生命周期。

多方面的需求：QFD 考虑了各种各样的需求，包括顾客的期望、法规要求、内部流程和技术标准等。这有助于确保项目综合地满足各种需求。

跨职能的团队协作：QFD 的实施通常需要来自不同领域的专业人员的协作，包括设计、施工、市场等。这有助于确保不同专业领域的知识都被整合到项目中。

早期问题解决：QFD 的方法强调在项目早期识别和解决问题。通过将设计目标与实施目标相互关联，可以更早地发现潜在的问题。

连续改进：QFD 是一个不断学习和改进的过程。通过在项目执行过程中的监控和反馈，QFD 可以支持项目团队在项目中不断改进。

（三）比较分析

1. 方法论的差异

传统方法：传统建筑质量管理主要依赖于规定的标准和程序，强调合规性和符合性。质量的定义通常是根据法规和行业标准来的。

QFD：QFD 则更注重从顾客需求出发，通过团队协作将这些需求转化为具体的设计和执行要求。它更注重设计目标与实际实施目标的关联。

2. 流程的差异

传统方法：传统方法通常是线性的，按照设计、招标、施工、验收的阶段依次推进。信息流通常是单向的，从上游到下游。

QFD：QFD 是一个整合的、循环的过程。它不仅涉及项目的设计和施工阶段，还涵盖了整个项目的生命周期。信息在团队内部和不同阶段之间进行双向传递。

3. 问题解决的时机

传统方法：传统方法通常在项目结束后的验收阶段才能发现问题。这可能导致问题的修复成本增加，并可能延误整个项目的进度。

QFD：QFD 的方法强调在项目早期就识别和解决问题。通过在设计阶段就考虑实施目标，可以更早地发现并解决潜在问题。

4. 反馈与学习机制

传统方法：传统方法中的学习通常发生在项目结束后。反馈和教训往往在整个项目过程中得不到及时的应用。

QFD：QFD 通过不断的监控、反馈和改进机制，支持团队的持续学习。项目经验和教训能够及时应用于未来项目，促使团队不断提高绩效。

5. 团队协作与综合性

传统方法：传统方法中各专业往往独立作业，不同专业的协作可能较少。

QFD：QFD 的实施通常需要跨职能的团队协作，各个专业领域的知识都

被整合到项目中。这有助于确保项目在设计和施工中综合地满足各种需求。

传统建筑质量管理方法和 QFD 在方法论、流程和效果方面存在着明显的差异。各自有其优势和局限性，选择何种方法应基于项目的特点、组织文化和管理需求。

第四节 QFD 在团队协作中的作用

一、建筑项目团队合作的挑战

建筑项目是一个综合性的、多学科的工程，需要多方面的专业知识和技能。因此，一个成功的建筑项目通常需要一个高效协作的团队。然而，在实际操作中，建筑项目团队面临着各种各样的挑战，这些挑战可能会影响项目的质量、进度和成本。

1. 沟通障碍

专业术语难以理解：不同专业领域有不同的术语和语言习惯，这可能导致团队成员之间的误解和沟通障碍。

信息不对称：有时候，一些团队成员可能掌握着关键信息，而其他人却不清楚这些信息，这可能导致决策的不准确性。

2. 时间管理困难

工期压力：建筑项目通常有紧迫的时间表，而且一些阶段的延误可能会影响整个项目的进度。

不同工作周期：不同专业领域的工作周期不同，有时候一个团队成员的进度可能会影响其他成员的工作。

3. 预算约束

不同专业领域的成本差异：不同专业领域的需求和成本差异可能导致预算的不确定性，这可能引发冲突和争议。

变更管理：项目在执行过程中可能会发生变更，如果不得当地管理这些变更，可能导致成本超支和时间延误。

4. 设计一致性

设计协调困难：不同专业领域的设计可能在实施时存在冲突，需要仔细的设计协调工作。

设计变更：由于业主或其他利益相关者的要求，设计可能会在项目进行中发生变更，这可能对团队产生意想不到的影响。

5. 团队文化差异

多元文化团队：项目团队可能由来自不同文化和背景的成员组成，这可能导致沟通和理解的困难。

领导风格差异：不同专业领域的团队成员可能有不同的领导风格和工作方式，需要适应和整合。

6. 技术挑战

新技术的应用：引入新的技术和工艺可能需要团队成员学习和适应，这可能会影响项目的执行效率。

技术标准的不一致：不同专业领域可能使用不同的技术标准，这可能导致集成和协调的问题。

7. 利益冲突

业主与承包商之间的冲突：业主和承包商可能在项目目标和利益方面存在分歧，这可能导致项目执行的问题。

专业责任的不明确：不同专业领域的责任划分可能不清晰，这可能导致责任推卸和争议。

8. 风险管理

风险评估的不足：团队可能对项目风险的评估不足，这可能导致在项目执行过程中的意外情况。

风险传递问题：一些团队成员可能试图将风险转嫁给其他团队成员，而不是共同承担和解决。

为了应对这些挑战，建筑项目团队可以采取一系列策略和最佳实践。这包括建立有效的沟通渠道、制定清晰的项目计划、实施有效的变更管理、培训团队成员以适应新技术、建立良好的团队文化等。同时，利用先进的项目管理工具和技术也能够帮助团队更好地协同工作。最终，建筑项目的成功取决于团队成员的专业素养、协作能力，以及解决问题的能力。

二、QFD 在团队中的沟通与协作作用

QFD 是一个有助于团队沟通与协作的强大工具，它可以在产品开发和改进过程中促进跨部门的合作，确保所有利益相关方都能参与进来，以达成共识并优化产品。

（一）QFD 简介

1. QFD 的基本概念

QFD 最早起源于日本，是一种系统性的方法，用于将客户需求转化为产品设计和制造的具体特征和要求。它通过创建一种矩阵结构，将不同层次的需求、功能和特性相互关联，从而帮助团队更好地理解客户需求，并将这些需求转化为可操作的设计要求。

2. QFD 的工具和技术

质量特性部署矩阵：这是 QFD 的核心工具，用于将客户需求与产品特性关联起来，以确保产品设计满足这些需求。

功能展开矩阵：用于将高级功能拆分成更详细的子功能，以更好地理解如何实现高级功能。

关联矩阵：用于识别和跟踪不同特性和功能之间的关系，以确保它们相互支持。

优先级矩阵：用于确定不同特性和功能的重要性和优先级，以便在设计过程中分配资源。

（二）QFD 在团队中的沟通作用

1. 促进跨部门沟通

QFD 的一个关键作用是促进跨部门之间的沟通。在产品开发过程中，不同部门和团队通常分别处理不同的任务和工作流程。这可能导致信息孤立，使得各部门之间难以协调和合作。QFD 通过创建一个统一的框架，将不同部门的工作联系在一起，促进信息共享和交流。通过在质量特性部署矩阵中标识关键特性和功能，不同部门可以更清楚地了解彼此的工作，以确保它们都在朝着共同的目标前进。

2. 提高共识和理解

QFD 还有助于提高团队对客户需求的共识和理解。在产品开发过程中，不同团队成员可能对客户需求有不同的理解和解释。QFD 通过在质量特性部署矩阵中详细定义这些需求，以及如何将它们转化为产品特性，帮助团队达成一致的理解。这有助于减少误解和错误，确保每个人都明白他们的工作如何与整体目标相关。

3. 识别和解决问题

在产品开发过程中，问题和挑战是不可避免的。QFD 提供了一个结构化的方法，帮助团队识别和解决问题。通过在质量特性部署矩阵中跟踪特性和功能之间的关系，团队可以更容易地识别潜在的矛盾和冲突。这使它们能够及早采取行动，解决问题，确保产品开发进程顺利进行。

（三）QFD 在团队中的协作作用

1. 促进团队协作

QFD 鼓励团队协作，因为它要求不同部门和团队成员共同参与需求分析和特性定义过程。这意味着设计团队、工程师、市场营销团队和制造团队等各部门必须共同合作，以确保产品设计满足客户需求。通过在 QFD 工作坊中集结不同背景和专业知识的人员，团队可以汇集各方的智慧和经验，以

创建更具创新性和竞争力的产品。

2. 优化资源分配

QFD 通过优先级矩阵的使用，帮助团队更好地分配资源。团队可以确定哪些特性和功能对客户最重要，然后将资源集中在这些方面，以确保产品的质量和性能。这有助于避免资源浪费，确保资源得到最大化的利用。

3. 持续改进

QFD 也有助于团队实施持续改进。通过不断追踪客户需求的变化和产品性能，团队可以识别出改进的机会，并采取行动来不断提高产品质量和性能。QFD 的关联矩阵和功能展开矩阵使团队能够快速识别出问题的根本原因，并迅速制定改进计划。这有助于团队保持敏捷性，适应市场变化，并不断提高产品的竞争力。

4. 增强创新

QFD 的过程中，团队成员被鼓励提出新的想法和解决方案，以满足客户需求。在功能展开矩阵中，团队可以拆分高级功能为更具体的子功能，这为创新提供了空间。团队成员的多样性和跨部门的协作有助于引入不同的视角和创新思维，从而推动产品设计和开发的创新性。

（四）QFD 的应用步骤与技巧

1. QFD 的应用步骤

明确客户需求：通过市场调研、客户反馈等方式，明确客户的期望和需求。

建立质量特性部署矩阵：将客户需求转化为产品特性，创建质量特性部署矩阵。

进行功能展开：将高级功能拆分为更详细的子功能，以更好地了解功能之间的关系。

建立关联矩阵：识别和跟踪不同特性和功能之间的关系，确保它们相互支持。

确定优先级：使用优先级矩阵确定不同特性和功能的重要性和优先级。

分配资源：根据优先级，合理分配资源以确保关键特性得到充分开发。

追踪和持续改进：持续追踪客户需求的变化和产品性能，识别改进的机会，并实施改进计划。

2. QFD 的实施技巧

团队培训：在实施 QFD 之前，对团队成员进行培训，使其了解 QFD 的原理和应用方法。

跨职能团队：在 QFD 工作坊中聚集来自不同职能和专业领域的团队成员，以确保多样性和全面性。

客户参与：尽量引入客户参与 QFD 的过程，以确保产品设计符合客户期望。

持续沟通：在 QFD 的整个过程中，确保团队成员之间和与利益相关者之间有持续的沟通和反馈机制。

灵活性：在实施 QFD 时要保持灵活性，随时调整计划以适应新的信息和变化。

QFD 在团队中的沟通与协作作用不仅是一种方法论，更是一种促使团队更好地理解客户需求、协同合作、创新改进的文化。通过建立质量特性部署矩阵和应用相关工具，QFD 为团队提供了一个清晰的框架，使它们能够更好地理解产品开发的整体方向，并在不同职能之间实现更紧密的协作。QFD 的应用不仅有助于解决问题，还能够推动团队实现持续改进和创新，从而在竞争激烈的市场中脱颖而出。通过培养团队成员的 QFD 意识和技能，可以进一步提高团队的绩效，确保产品能够真正满足客户的期望。

第五节　QFD 在不同项目规模中的适用性

一、小型项目中的 QFD 应用经验

在小型项目中应用 QFD 是一种有益的方法，因为它能够帮助团队更好

地理解项目目标，明确需求，并将这些需求有效地转化为实际的操作步骤。

1. 明确项目目标和范围

在小型项目中，明确项目目标和范围对于整个项目的成功至关重要。通过 QFD，团队可以将项目目标细化为具体的任务和要求，并确保所有团队成员对这些目标有一个清晰的共识。

2. 建立跨职能团队

在小型项目中，团队成员可能涉及多个职能领域。通过建立跨职能团队，不同领域的专业知识可以得到充分的整合和协同。QFD 的方法可以促使不同专业领域的人员共同参与项目设计和规划。

3. 利用 QFD 矩阵进行需求分析

QFD 的核心是利用矩阵进行需求分析，将不同层次的需求相互关联起来。在小型项目中，可以使用简化的 QFD 矩阵，将项目目标、客户需求和具体任务联系在一起，以便更好地理解它们之间的关系。

4. 客户需求分析

即使在小型项目中，也需要对客户需求进行深入分析。这有助于确保项目交付的产品或服务能够满足客户的期望。通过 QFD，可以将客户需求转化为具体的技术规范和任务，以确保团队在整个项目过程中保持对客户需求的关注。

5. 制定优先级

在小型项目中，资源可能受限，因此制定清晰的优先级是至关重要的。QFD 的矩阵结构使得团队能够识别和排列任务的优先级，确保在资源有限的情况下，首先满足最重要的需求。

6. 促进团队协作

QFD 要求团队协同工作，共同设计和规划项目。在小型项目中，这可以通过定期的团队会议、讨论和工作坊来实现。这有助于确保每个团队成员都对项目的方向和目标有充分的了解。

7. 透明决策过程

在小型项目中，决策过程的透明性对于团队的信任和合作至关重要。通过 QFD 的方法，决策的基础和逻辑可以被清晰地记录和共享，使得团队成员能够理解为什么作出特定的决策。

8. 灵活应对变化

小型项目通常更加灵活，可能需要随时适应变化。QFD 的学习和改进原则可以帮助团队更好地适应变化，及时调整项目目标和任务，确保项目的成功交付。

9. 持续改进

在小型项目中，持续改进是确保项目成功的关键。通过 QFD 的反馈循环，团队能够在项目进行过程中不断学习，找到最佳实践，并将这些经验应用到未来的项目中。

10. 定期回顾和反思

定期的项目回顾会议是应用 QFD 的一个重要环节。这样的回顾不仅有助于评估项目的整体表现，还能够识别和记录团队在项目中取得的成功和面临的挑战，为未来的项目提供宝贵的经验教训。

11. 实施 QFD 的步骤

明确项目目标：定义项目的目标和范围，确保所有团队成员对项目的方向有共识。

识别客户需求：利用 QFD 的方法，对客户需求进行深入的识别和分析。

建立 QFD 矩阵：制定简化的 QFD 矩阵，将项目目标、客户需求和任务联系在一起。

团队培训：为团队成员提供关于 QFD 原理和工具的培训，确保团队了解如何有效地应用 QFD。

跨职能团队合作：确保不同专业领域的团队成员参与到 QFD 的设计和规划过程中，促进跨职能的合作。

设定优先级：利用 QFD 的矩阵帮助团队设定任务的优先级，确保关注

重要的需求。

定期的团队会议：定期召开团队会议，让团队成员共同参与项目设计和规划，确保沟通畅通。

持续改进：利用 QFD 的学习和改进原则，定期进行项目回顾，识别并记录成功和改进的机会。

灵活应对变化：在项目进行过程中，保持对变化的灵活应对是非常关键的。QFD 的方法鼓励团队在识别变化时及时调整任务和目标，确保项目仍然能够成功交付。

项目回顾和反思：在项目结束后，进行全面的回顾和反思。通过 QFD 的反馈循环，团队能够总结经验教训，为未来类似项目提供指导。

记录和文档：保持良好的记录和文档是 QFD 成功应用的关键。记录项目目标、需求矩阵、决策基础等信息，以便未来团队成员能够查阅和借鉴经验。

引入技术支持：利用项目管理和 QFD 软件工具，简化 QFD 矩阵的制定和更新过程，提高团队的效率。

在小型项目中应用 QFD 有一些独特的优势

精准性和效率：QFD 帮助团队将项目目标和客户需求转化为具体、可操作的任务，提高了项目执行的精准性和效率。

资源优化：在小型项目中，资源通常有限，因此优先级制定至关重要。QFD 的矩阵帮助团队明确任务的优先级，确保关注最重要的方面。

灵活性：小型项目通常需要更大的灵活性，以应对变化。QFD 的学习和改进原则使团队能够更好地适应变化，不断改进项目执行方式。

团队协作：QFD 鼓励跨职能团队合作，确保不同专业领域的成员都能为项目成功作出贡献。

客户导向：即使在小型项目中，QFD 也强调客户导向的设计，确保项目交付的成果符合客户的期望。

总体而言，QFD 在小型项目中的应用可以使团队更好地理解和满足客户需求，提高项目的成功概率。然而，成功的应用需要团队成员的积极参与、培训，以及在实践中不断的改进。小型项目的规模相对较小，这为团队提供了更大的灵活性，也为 QFD 的实施提供了更多的机会。

二、大型项目中的 QFD 实施策略

在大型项目中，QFD 的实施可能涉及更多的团队成员、更多的复杂性和更多的变量。因此，为了成功应用 QFD，需要采取一系列策略和步骤来确保整个过程的有效性。

1. 建立明确的项目愿景和目标

在大型项目中，明确项目的愿景和目标是至关重要的。QFD 的实施应始于对整个项目的明确定义，确保团队对项目方向和期望达成一致。

2. 形成跨职能团队

由于大型项目通常涉及多个专业领域和多个团队，建立跨职能团队是 QFD 成功实施的基础。确保涵盖项目各方面的专业知识，促进全方位的协作。

3. 明确客户需求

大型项目可能面向多个利益相关方和客户群体。通过深入研究和讨论，明确各方的需求，确保 QFD 的实施基于全面的客户需求分析。

4. 制定项目规模和边界

由于大型项目通常较为庞大，需要明确项目的规模和边界。这有助于团队将 QFD 的焦点放在核心任务和关键需求上，避免过度复杂化。

5. 利用先进的 QFD 工具和技术

大型项目可能需要更多的数据分析和模型建立。利用先进的 QFD 工具和技术，如 QFD 软件、数据可视化工具，能够更好地支持复杂项目的实施。

6. 明确任务和子项目之间的关系

在大型项目中，可能存在多个任务和子项目，它们之间可能存在复杂的依赖关系。QFD 的实施需要清晰地识别这些关系，确保任务和子项目之间的协同和一致性。

7. 明确项目阶段和交付物

将大型项目划分为不同的阶段，并明确每个阶段的交付物。QFD 的实施应该在每个阶段都能够对项目目标和客户需求进行更深入的理解和分析。

8. 利用 QFD 矩阵进行任务和需求的关联

利用 QFD 矩阵，将项目任务和需求相互关联，确保每个任务都与项目目标和客户需求对应。这有助于清晰地展示任务与项目目标的联系。

9. 定期的团队培训和沟通

由于大型项目涉及多个团队和成员，确保定期进行 QFD 的培训和沟通是非常重要的。这有助于所有团队成员理解 QFD 的价值，并保持团队之间的协同。

10. 采用适应性管理方法

大型项目可能会面临变化和不确定性。采用适应性管理方法，包括灵活的决策制定和及时的调整，能够更好地适应项目的复杂性。

11. 制定风险管理计划

由于大型项目涉及的变量较多，制定详细的风险管理计划是关键的。QFD 的实施应该与风险管理计划结合，确保及时识别并应对潜在的风险。

12. 引入高级别领导支持

大型项目的成功需要高层领导的支持和承认。确保高级别领导明白 QFD 的重要性，并能够提供必要的资源和支持。

实施 QFD 的步骤

项目启动会议：在项目初期召开项目启动会议，明确项目的愿景、目标和计划。

跨职能团队形成：建立跨职能团队，确保团队覆盖项目所有关键领域。

需求分析会议：召开需求分析会议，深入研究并明确客户需求。

QFD 培训：为团队成员提供 QFD 培训，确保他们了解 QFD 的原则和工具。

构建 QFD 矩阵：利用 QFD 工具构建项目的需求矩阵，将项目目标、客户需求和任务相互关联。

任务和需求的优先级制定：在 QFD 矩阵中制定任务和需求的优先级，确保团队集中精力解决最重要的方面。

定期的团队会议：定期召开团队会议，以确保所有团队成员都了解项目的进展和 QFD 的实施。

数据分析和模型建立：在需要的情况下，利用高级的数据分析和建模工具，以支持 QFD 的实施。

持续改进：利用 QFD 的学习和改进原则，定期进行项目回顾，评估 QFD 的实施效果，找出潜在的改进机会，并在项目进行的过程中不断优化。

灵活调整和变更管理：由于大型项目中变更的可能性较高，建立灵活的变更管理机制是必要的。确保 QFD 的实施与变更管理相结合，能够及时适应新的需求或变化。

建立协同文化：在大型项目中，协同是成功的关键。建立协同文化，鼓励信息共享和团队合作，使得 QFD 能够更加顺畅地在整个项目中应用。

定期的项目评估和报告：定期评估项目的整体进展，通过定期的项目报告向利益相关者传达项目的状态和 QFD 的实施成果，确保项目的透明度和利益相关者的理解。

建立技术支持和培训计划：大型项目可能需要更多的技术支持和培训。确保团队能够熟练使用 QFD 工具，并有技术支持可用于解决任何可能的问题。

利用 QFD 软件工具：大型项目通常会涉及大量的数据和复杂的关系。利用 QFD 软件工具能够加速矩阵的构建和分析，提高团队的工作效率。

建立沟通桥梁：由于大型项目中可能存在多个团队，建立沟通桥梁是至关重要的。确保信息能够迅速传达和共享，避免信息滞后和误解。

建立绩效评估和奖励机制：设立绩效评估和奖励机制，鼓励团队成员在 QFD 的实施中积极参与，促进团队整体的合作和成功。

审慎管理变更：大型项目中的变更可能对整个项目产生深远的影响。因此，审慎管理变更，确保每一次变更都经过慎重的分析和决策。

高级别领导的持续支持：高级别领导的支持在大型项目的成功中至关重要。确保他们对 QFD 的价值有清晰的认识，并能够提供必要的支持和资源。

持续学习和改进：大型项目是一个复杂的系统，需要团队不断学习和改进。建立学习机制，鼓励团队不断总结经验，改进工作方式和 QFD 的实施方法。

建立项目文件和知识库：在大型项目中，建立详细的项目文件和知识库是必要的。这有助于记录 QFD 的实施过程、决策基础和团队的学习经验，为未来项目提供有益的参考。

在实施 QFD 时，需要根据具体项目的特点和需求进行调整。大型项目的复杂性可能导致一些额外的挑战，但通过明确的计划、团队合作和适应性管理，QFD 仍然可以在大型项目中发挥重要的作用，提高项目的成功概率。

第四章　建筑质量管理中的关键指标与评价体系

第一节　关键指标的选择与界定

一、常用建筑质量指标与标准

建筑质量是确保建筑物安全、耐久、舒适和可维护的关键因素。为了评估和监控建筑质量，制定了一系列的建筑质量指标和标准。这些指标和标准涵盖了从设计阶段到建设和维护阶段的方方面面。以下是一些常用的建筑质量指标与标准。

1. 结构安全性

指标

承载力和稳定性：结构元素能否承受设计荷载，保持稳定。

变形限制：结构在荷载作用下的变形是否在允许范围内。

抗震性能：结构在地震作用下的表现，通常使用位移或加速度来描述。

标准

GB 50009—2012《建筑结构荷载标准》：规定了建筑物在设计阶段所需承受的各种荷载。

GB 50011—2010《建筑抗震设计规范》：规定了建筑物在地震作用下的

设计要求。

2. 建筑功能性

指标

空间布局：空间是否合理，符合功能需求。

采光与通风：是否有足够的自然光和通风。

声学性能：对于住宅、办公室等，室内的噪声控制是否符合标准。

标准

GB 50037—2011《建筑声学设计规范》：规定了建筑声学设计的基本要求。

GB 50016—2014《建筑设计防火规范》：规定了建筑的防火设计要求，确保人员安全。

3. 建筑节能性

指标

导热系数：建筑材料的导热性能。

保温性能：墙体、屋顶等部位的保温效果。

能耗：建筑的总能耗。

标准

GB 50189—2015《建筑节能标准》：规定了建筑节能的设计和施工要求。

4. 施工质量

指标

材料质量：使用的建筑材料是否符合相关标准。

工艺质量：施工工艺是否合理、符合设计要求。

安全性：施工过程中是否有足够的安全措施。

标准

GB 50300—2013《建筑工程施工质量验收规范》：规定了建筑工程施工质量验收的一般规定和技术要求。

5. 室内环境质量

指标

室内空气质量：是否符合相关标准，有无甲醛等有害物质。

照明设计：室内照明是否符合标准，是否有足够的自然光。

标准

GB 50325—2010《建筑照明设计标准》：规定了建筑照明设计的一般要求和技术指标。

GB/T 18883—2002《室内空气质量标准》：对室内空气质量的各项指标进行了详细规定。

6. 可维护性与耐久性

指标

建筑材料的耐久性：使用的材料是否能够在长期使用中保持稳定性。

维护便捷性：建筑是否易于维护，例如易更换的部件。

标准

GB/T 50411—2007《建筑结构混凝土抗碱性能试验方法标准》：评估混凝土的抗碱性，影响其耐久性。

GB/T 50815—2013《建筑幕墙工程施工与验收规范》：规范了建筑幕墙的施工与验收要求，保障其可维护性。

建筑质量指标与标准的制定和遵循是确保建筑物在设计、施工和使用阶段都能够达到一定标准的关键。各种标准的逐步完善和执行有助于提高建筑质量，保障人们的生命安全和财产安全，同时也有助于可持续发展和资源利用的合理化。建筑业应当不断关注和更新这些标准，以适应科技和社会的发展，促进建筑质量的不断提升。

二、QFD 中关键指标的权衡考量

QFD 是一种质量管理方法，旨在将顾客需求转化为产品或服务的设计要素，并确保这些设计要素在整个生产过程中被充分考虑。在 QFD 过程中，

确定关键指标是至关重要的，因为它们直接影响到产品或服务的质量和顾客满意度。关键指标的权衡考量涉及多个方面，包括顾客需求、生产成本、技术可行性等。以下是关键指标权衡考量的一些重要方面。

1. 顾客需求分析

在 QFD 中，首要任务是深入了解和分析顾客的需求。这包括了解他们的期望、偏好和关切点。不同的顾客可能有不同的需求，因此在确定关键指标时，必须仔细平衡这些需求。

重要性权重：对顾客需求进行权重分配，以确定哪些需求对整体满意度影响最大。

相对优先级：不同需求之间的相对重要性，以确保产品或服务在关键方面达到或超越期望。

2. 技术可行性

产品或服务的设计不仅需要满足顾客需求，还需要考虑技术可行性。在选择关键指标时，必须确保它们是可实现的，并且能够在生产过程中得到有效控制。

技术限制：确定技术上是否能够实现和控制关键指标。

研发投入：评估实现特定关键指标所需的研发资源和投入。

3. 生产成本分析

关键指标的选择还必须考虑生产成本，以确保产品或服务在市场上具有竞争力。

成本效益：评估在实现关键指标的同时，成本是否在可接受范围内。

资源利用：考虑关键指标对资源（如人力、材料等）的需求，以确保高效生产。

4. 法规和标准遵从

在选择关键指标时，必须考虑产品或服务必须遵守的法规和行业标准。这确保了产品或服务的合法性和可持续性。

合规性：确保关键指标符合相关法规和标准。

可持续性：考虑关键指标对环境和社会的影响，以确保可持续发展。

5. 竞争分析

了解竞争对手的产品或服务，以及市场上的潜在替代品，对于选择关键指标至关重要。

差异化：确保选择的关键指标能够使产品或服务在市场上有明显差异，提高竞争力。

市场趋势：考虑市场的变化和趋势，确保关键指标符合未来发展方向。

6. 时间因素

在选择关键指标时，还需要考虑时间因素。产品或服务的生命周期、市场变化等因素都可能对关键指标的选择产生影响。

时效性：确保选择的关键指标在产品或服务的整个生命周期内保持有效。

市场响应时间：考虑产品或服务的设计和生产周期，以适应市场需求的变化。

在 QFD 过程中，选择关键指标需要全面地权衡考量。只有平衡了顾客需求、技术可行性、生产成本、法规和标准遵从、竞争分析，以及时间因素，才能确保产品或服务在质量、成本和市场竞争力等方面取得平衡，最终满足顾客期望，实现综合性的成功。关键指标的权衡考量是 QFD 过程中的核心步骤，直接影响到产品或服务的整体质量和市场表现。

第二节　QFD 方法在建筑质量管理中的指标体系建设

一、QFD 对指标体系的影响

指标体系在 QFD 中扮演着关键的角色，它直接影响到产品或服务的设计、开发和生产。

1. 顾客需求的量化和优先级排序

QFD 通过顾客需求的量化和优先级排序，将模糊的顾客期望具体化，并为后续的设计和开发工作提供了明确的方向。指标体系在这个阶段起到了重要的作用，帮助团队识别并量化不同需求的重要性。通过使用特定的数值来表示顾客需求的重要性，可以更清晰地反映出各个需求之间的相对关系，从而为后续的设计提供了依据。

2. 层层递进的设计要素与指标

QFD 的矩阵结构将顾客需求逐层分解为设计要素，同时与这些设计要素相关联的就是一系列的指标。指标体系在这个过程中帮助将高层次的需求转化为更具体的设计要素，并在每个设计要素下标识出合适的指标，确保每个设计要素都得到了充分的考虑。这种递进的结构使得整个产品或服务的设计更加系统、全面。

3. 交叉分析与指标的相互关联性

QFD 通过交叉分析的方法，将不同设计要素和指标之间的关联性呈现出来。这种关联性分析帮助团队更好地理解各个指标之间的相互作用，以及它们对整体质量的影响。指标体系的建立在这个阶段有助于明确各指标之间的优先级和权衡关系，从而确保在有限的资源条件下，能够更加有针对性地优化设计。

4. 设计要素的满足度评价

在 QFD 的实施过程中，指标体系用于评估每个设计要素的满足度。通过与顾客需求和目标指标的比较，可以量化地评估设计要素是否满足了既定的标准。这种评价帮助团队及时发现和解决问题，确保产品或服务在设计阶段就能够满足顾客的期望。

5. 生产和过程中的监控与控制

QFD 不仅关注产品或服务的设计阶段，还关注整个生产过程。指标体系在这一阶段的作用更加突出，用于监控和控制生产中的各个环节。通过建立与设计要素相关的生产指标，可以实现对生产过程的实时监测，并采取必要的纠正措施，以确保产品或服务的质量稳定性。

6. 反馈与持续改进

QFD 的过程是一个循环的过程，它强调持续改进。指标体系在这一阶段的作用是收集实际数据，与预期指标进行比较，从而为下一轮的 QFD 提供经验教训。通过对实际表现的反馈，团队可以及时调整和优化设计要素和指标，使其更加贴近市场需求和顾客期望。

7. 团队协作与沟通的工具

指标体系在 QFD 中还起到了团队协作与沟通的重要作用。通过建立一致的指标体系，团队成员可以更好地理解彼此的工作，并在决策过程中达成共识。指标体系提供了一个共同的语言和框架，促进团队内外的有效沟通。

8. 决策支持

QFD 的过程中，需要做出一系列的决策，涉及设计的方向、资源的分配等。指标体系为这些决策提供了数据支持，使决策更加客观和科学。通过对指标的分析，决策者能够更全面地了解各个方案的优劣，有助于做出更明智的决策。

总体而言，QFD 对指标体系的影响是全方位的。它不仅在产品或服务的设计阶段提供了清晰的方向，更在整个生产过程中实现了对质量的监控和改进。指标体系在 QFD 中的运用，使得产品或服务的开发更加系统、科学，同时也提高了团队的协作效率和决策的科学性。通过不断循环的 QFD 过程，企业能够实现产品或服务的持续优化和满足市场需求的能力。

二、如何建立全面的建筑质量指标体系

建立全面的建筑质量指标体系是确保建筑工程质量的关键步骤之一。一个全面的指标体系可以帮助项目管理者、建筑师、设计师和监理人员更好地衡量和控制工程质量，确保项目的成功交付。本书将详细介绍如何建立一个全面的建筑质量指标体系，以确保建筑工程的质量和可持续性。

建筑工程质量指标体系是一个有组织的集合，用于测量和评估建筑工程

在不同阶段的质量。这个体系应该包括定性和定量指标，以全面评估建筑工程的各个方面，如结构、功能、安全、环境、可持续性和成本。建立一个全面的建筑质量指标体系需要以下步骤。

（一）确定指标的类别

建筑质量可以从多个方面来衡量。先需要确定不同质量类别，以便全面覆盖建筑工程的各个方面。以下是一些常见的质量类别。

结构质量：包括建筑物的稳定性、耐用性和抗震性等方面。

功能质量：包括建筑物是否满足设计要求，如空间布局、通风、采光等。

安全质量：包括建筑物的火灾安全、电气安全、交通安全等。

环境质量：包括建筑物对周围环境的影响，如噪声、空气质量、景观等。

可持续性质量：包括建筑物的能源效率、材料可持续性、废物管理等。

成本质量：包括建筑工程的预算和费用控制。

每个质量类别可以进一步细分为具体的指标，以更准确地评估质量。例如，结构质量可以包括钢筋混凝土质量、抗震设计符合性等具体指标。

（二）制定指标和测量方法

确定了质量类别后，下一步是制定具体的指标和测量方法。每个指标应该是可量化的，并且应该能够明确地衡量建筑工程的质量。例如，对于结构质量，可以制定以下指标。

钢筋混凝土抗压强度：测量混凝土的质量，确保其符合设计要求。

抗震性能指标：评估建筑物的抗震性能，包括位移角、加速度响应等。

材料质量检查：检查使用的材料是否符合质量标准。

对于每个指标，还需要确定测量方法和标准。例如，钢筋混凝土抗压强度可以通过实验室测试来测量，抗震性能可以通过数值模拟和实际地震测试来评估。

（三）建立评分体系和权重分配

建立评分体系是确保不同指标之间平衡的关键步骤。每个指标都应该分配一个权重，以反映其在整体质量评估中的重要性。这可以通过专家咨询、历史数据分析和项目需求来确定。例如，对于一个住宅项目，结构质量可能会被赋予更高的权重，因为安全是首要考虑因素，而成本质量可能相对较低，因为项目预算有限。

评分体系可以采用百分制或其他合适的方式来表示，以便更容易理解和比较不同项目的质量。

（四）数据收集和监测

建立了指标体系后，需要确保实际项目的数据能够按照这些指标来收集和监测。这可能需要在项目计划中包括额外的检查点和程序，以确保各项指标得到满足。

数据的收集和监测可以通过不同的方法来实现，包括定期检查、实地测试、实验室测试、传感器监测等。数据应该按照事先确定的方法和频率进行收集，并记录在项目文件中以备将来参考。

（五）质量改进和反馈循环

建立一个全面的建筑质量指标体系不仅是为了测量质量，还要为质量改进提供有力的工具。一旦数据被收集并用于评估项目的质量，就应该采取措施来改进不合格的指标。

改进可以包括修改设计、采取更严格的质量控制措施、培训工作人员等。每次改进都应该伴随着反馈循环，以确保后续项目能够受益于之前的经验。

建立一个全面的建筑质量指标体系是确保建筑工程质量的关键步骤。通过确定质量类别、制定具体的指标和测量方法、建立评分体系和权重分配、进行数据收集和监测，并实施质量改进和反馈循环，可以有效地确保项目在

各个方面都达到高质量标准。这个过程需要全体项目团队的紧密合作，以确保建筑工程在设计、施工和交付阶段都能够满足最高的质量要求。

第三节　绩效评价与持续改进

一、建筑质量绩效评价的方法

建筑质量绩效评价是确保建筑项目达到预期标准的关键过程，它涉及对项目各个方面的定量和定性分析。在建筑行业，绩效评价是一个动态的多层次过程，需要综合考虑设计、施工、运营等多个阶段。以下是关于建筑质量绩效评价方法的详细探讨。

（一）评价的阶段

1. 设计阶段评价

设计阶段的评价是确保建筑设计符合客户需求、遵循法规标准、技术可行性和可持续性的重要一环。

需求分析和对比：确保设计方案充分满足客户的需求，并与设计标准和规范相符。

可行性研究：评估设计的技术可行性、经济可行性和环境可行性。

法规遵从性：确保设计符合当地和国家的建筑法规和标准。

2. 施工阶段评价

在施工阶段，评价的重点是确保设计的顺利实施，同时关注施工过程中的质量控制。

工程监理和检查：通过工程监理和定期检查确保施工符合设计要求和质量标准。

质量控制：采用统一的质量控制体系，包括材料检验、工艺控制、施工记录等。

工程变更管理：评估和管理施工阶段的任何设计变更，确保其对质量和进度的影响被控制。

3. 使用阶段评价

建筑交付使用后，评价的焦点转移到建筑的实际运营和使用。

定期检查和维护：确保建筑的设备、结构和系统定期进行检查和维护。

用户满意度调查：通过用户满意度调查了解建筑对用户的实际满意度，从而判断设计和施工的质量。

能效评估：评估建筑的能源使用效率，确保其符合可持续性和节能的要求。

（二）定量评价方法

1. 关键绩效指标（KPIs）

KPIs 是用于度量和评估建筑绩效的具体指标。这些指标可以是定量的。

工程进度：比较实际完成情况与计划进度的差异。

质量缺陷率：衡量在施工和使用阶段发现的质量问题的比率。

能源效率：通过比较实际能源使用与设计标准来评估建筑的能源效率。

2. 成本效益分析

成本效益分析是评估项目实现的成本与其带来的效益之间的平衡。这可以通过比较预算和实际成本、建筑的使用寿命和维护成本等方面来实现。

3. 故障树分析

故障树分析是一种系统的方法，用于识别和分析可能导致建筑质量问题的根本原因。通过这种分析，可以制定相应的改进措施，以提高建筑质量。

（三）定性评价方法

1. 专家评审

专家评审是一种常用的定性评价方法，通过邀请领域内专业人士对建筑的不同方面进行评估，以获得专业见解和建议。

2. 用户反馈

用户反馈是评价建筑质量的重要手段之一。通过调查、访谈和反馈会议，可以收集到关于建筑使用体验的定性信息。

3. 风险评估

风险评估涉及对可能影响建筑质量的各种风险进行识别、评估和控制。这可以通过定性分析来进行，确保在项目的各个阶段都能够及时应对潜在的问题。

（四）信息技术的应用

1. 建模和仿真

BIM 和仿真技术可以用于模拟建筑设计和施工过程，以评估建筑在不同阶段的绩效。

2. 数据分析和大数据

利用大数据和数据分析技术，可以对建筑运营的各个方面进行实时监测和分析，以及为决策提供数据支持。

（五）改进措施

建筑质量绩效评价的最终目标是为了采取必要的改进措施，提高项目的整体质量水平。一旦评估发现问题，应采取以下措施。

根本原因分析：通过故障树分析等方法找到问题的根本原因。

改进计划：制订详细的改进计划，包括修复已发现的问题、调整流程、提高培训水平等。

培训和教育：通过培训和教育提高项目团队成员的专业素养，以减少错误和提高执行质量。

技术更新：考虑采用新的建筑技术和材料，以提高设计和施工的质量水平。

项目管理改进：优化项目管理流程，确保更好地沟通和协调，提高项目整体执行力。

标准化和认证：考虑引入相关的质量标准和认证体系，确保项目符合行业最佳实践。

建筑质量绩效评价是一个综合的过程，需要在建筑项目的各个阶段都进行。通过采用定量和定性的评价方法，结合信息技术的应用，可以更全面、深入地了解建筑项目的质量状况。关键绩效指标、成本效益分析、故障树分析等方法为评价提供了科学的手段，而专家评审、用户反馈等则为评价提供了更加主观的但同样重要的信息。

重要的是，建筑质量绩效评价不仅是发现问题，更是为了找到问题的根本原因并采取切实可行的改进措施。通过不断的反馈和改进，可以不断提高建筑项目的质量水平，确保其在设计、施工和使用阶段都能够达到预期的标准。最终，建筑质量绩效评价是建筑行业持续改进和追求卓越的重要手段之一。

二、QFD 与建筑质量管理的持续改进机制

在建筑行业，QFD 可以被视为一种有助于建立全面质量管理的方法，通过将设计、施工和维护等各个阶段的需求有效地传递和实现，实现质量的持续改进。本书将详细讨论 QFD 与建筑质量管理的持续改进机制的关系，以及如何应用 QFD 促进建筑项目的质量提升。

（一）QFD 在建筑质量管理中的应用

1. 顾客需求的收集与分析

在建筑质量管理中，需要先明确各利益相关方的需求，包括业主、设计师、施工方，以及最终的使用者。这些需求可能涵盖建筑的功能性、结构性、经济性、环境性等多个方面。通过 QFD 的方法，可以系统性地收集和分析这些需求，确保全面考虑各方的期望。

2. 建筑设计的关联矩阵

QFD 的关联矩阵在建筑设计中可以被理解为将用户需求与建筑设计要素相联系的方式。例如，用户可能有对采光、通风、空间布局等方面的需求，

而建筑设计则需要通过合适的设计要素来实现这些需求。通过建立这样的关联矩阵，可以确保设计阶段充分考虑到用户需求，为建筑的质量提供基础。

3. 设计要素的部署与改进

QFD 的设计要素部署过程对于建筑质量管理的改进至关重要。每个设计要素都应与特定的用户需求相联系，建筑项目团队需要确保设计要素的实施符合 QFD 的部署方向。通过监测和评估每个设计要素的实际表现，团队可以采取措施进行改进，以不断提高建筑项目的质量水平。

（二）建筑质量管理的持续改进机制

1. PDCA 循环

持续改进的核心理念之一是 PDCA 循环。在建筑质量管理中，这一循环的应用是为了不断地优化流程、提高效率和解决问题。QFD 与 PDCA 循环相辅相成，QFD 提供了在“计划”阶段明确用户需求的方法，并在“执行”和“检查”阶段通过关联矩阵和设计要素的部署来确保设计和施工的质量。

2. 持续监测与反馈

建筑质量管理的持续改进需要建立有效的监测和反馈机制。QFD 的设计要素部署提供了一个评估建筑质量的框架，但实际的改进需要通过监测设计和施工的实施过程，以及建筑的实际使用情况。通过定期的检查、用户反馈、故障树分析等手段，建筑项目团队可以获取关于质量表现的信息，为下一轮的 PDCA 循环提供反馈。

3. 持续培训和学习

建筑质量管理的持续改进还需要建设一个学习型组织，使得项目团队能够不断吸收新知识、经验和最佳实践。QFD 的过程本身就是一个学习的过程，通过分析用户需求、设计要素的部署和实际质量表现的关联，项目团队能够不断改进其设计和执行的质量。此外，培训计划可以针对新技术、新材料、新法规等方面进行，确保项目团队保持在行业最前沿。

在建筑质量管理中，QFD 作为一种系统性的工具，可以有效地将用户需求转化为设计和实施的具体要素，为项目的整体质量提供了结构化的方法。通过 QFD 的应用，建筑项目团队可以更全面地考虑利益相关者的需求，提高设计和施工的精确性，实现持续改进。在与建筑质量管理的持续改进机制结合时，QFD 为建筑行业提供了一个有力的工具，促进了质量管理的科学化和系统化。尽管面临一些挑战，但通过合适的应对策略，这些挑战是可以克服的。最终，QFD 有望成为建筑质量管理中不可或缺的一部分，推动建筑项目朝着更高水平的质量迈进。

第四节　客户需求与满意度管理

一、客户需求的获取与分析

在现代商业环境中，了解并满足客户需求是企业取得成功的关键之一。客户需求的获取与分析是一个复杂而持续的过程，它需要企业不断改进和调整以适应市场变化。本书将深入探讨客户需求获取与分析的重要性、方法和挑战。

（一）客户需求的重要性

在商业和服务领域中，客户需求的理解和满足是企业成功的关键。随着市场竞争的日益激烈和客户期望的不断提升，有效地识别、理解和满足客户需求变得尤为重要。客户需求的重要性不仅体现在产品开发上，还涵盖了服务、市场营销、客户关系管理等方方面面。以下是客户需求重要性的一些关键方面。

1. 市场导向和竞争优势

了解客户需求是市场导向的基础。企业要在市场中脱颖而出，就必须不断适应和满足客户的需求。通过深入了解客户的期望，企业能够调整其产品、

服务和营销策略，从而在竞争激烈的市场中建立差异化的竞争优势。

2. 产品和服务质量

满足客户需求直接关系到产品和服务的质量。客户满意度和忠诚度与产品能否满足其需求密切相关。企业需要不断优化产品和服务，确保它们符合客户的期望。这不仅有助于提高销售，还能建立口碑和品牌忠诚度。

3. 创新和持续改进

客户需求是创新的动力源。通过深入了解客户的痛点和期望，企业能够推动产品和服务的创新。创新不仅包括新产品的开发，还包括提高现有产品的功能和性能，以满足客户需求的不断变化。

4. 客户满意度和口碑

满足客户需求直接影响客户满意度。满意的客户更有可能成为企业的忠实顾客，并愿意推荐产品或服务给他人。良好的口碑是企业发展的重要支柱，而客户满意度是构建良好口碑的基础。

5. 客户关系管理

建立健康的客户关系依赖于对客户需求的全面了解。通过建立有效的客户关系管理系统，企业能够更好地跟踪客户需求的变化，及时回应客户的反馈，并提供个性化的服务。这有助于增强客户与企业之间的紧密联系。

6. 市场定位和目标市场

客户需求的分析是市场定位的基础。了解目标市场的需求特点，有助于企业更好地调整其市场定位和定价策略。不同市场可能有不同的需求，因此对客户需求的深刻理解是制定有效市场战略的关键。

7. 降低风险和成本

了解客户需求有助于企业更好地预测市场变化和趋势，从而降低经营风险。通过满足客户的实际需求，企业可以减少产品和服务的重新设计成本，提高效益，并确保在市场中的竞争地位。

8. 持续经营和增长

满足客户需求是企业持续经营和增长的基石。只有不断适应市场和客户的变化，企业才能保持竞争力并实现可持续的发展。客户需求的变化往往是市场机遇的源泉，而灵活应对这些变化是企业保持竞争优势的关键。

综上所述，客户需求的重要性不仅在于满足客户的期望，更在于通过深刻理解客户需求来指导企业的发展和创新。在当今竞争激烈的商业环境中，将客户需求置于企业决策和战略规划的核心位置是取得成功的必由之路。

（二）客户需求的获取方法

了解和满足客户需求是企业成功的基石。为了开发出符合市场期望的产品或提供令人满意的服务，企业需要深入了解客户的需求。客户需求的获取是一个系统性、持续性的过程，需要多方面的方法和工具。以下是一些常用的客户需求获取方法。

1. 市场调研

市场调研是获取客户需求的基础方法之一。通过对目标市场进行调查和分析，企业可以了解潜在客户的行为、偏好、需求和购买意愿。市场调研可以包括定性和定量研究，例如问卷调查、焦点小组讨论和深度访谈，以获得更全面的客户反馈。

2. 客户反馈和投诉

企业应该积极收集和分析客户的反馈和投诉。这可以通过客户服务部门、在线反馈表单、社交媒体和其他渠道来实现。客户的投诉通常反映了产品或服务的问题，而正面的反馈则提供了改进和加强的方向。

3. 用户体验研究

通过用户体验研究，企业可以深入了解用户在使用产品或服务时的感受和需求。这可以包括用户测试、原型测试、用户旅程地图等方法，以确保产品设计和功能满足用户的实际期望。

4. 社交媒体分析

社交媒体是一个宝贵的信息来源，企业可以通过监控社交媒体平台上的讨论和反馈来了解客户的看法。社交媒体分析工具可以帮助企业识别热门话

题、趋势和关键词，从而更好地理解客户需求。

5. 竞争分析

通过对竞争对手的产品和服务进行分析，企业可以了解市场上的最新趋势和客户需求。这种分析可以揭示出竞争对手的优势和弱点，为企业提供改进和创新的灵感。

6. 客户访谈和沟通

直接与客户进行面对面或线上的访谈是获取深层次理解的有效方式。这种方法能够帮助企业深入了解客户的期望、痛点和偏好，并获取实时的反馈。这可以通过电话、视频会议、工作坊等形式进行。

7. 数据分析和统计

利用数据分析工具，企业可以深入挖掘大量数据中的关键信息。购买行为数据、网站访问数据、销售数据等都可以提供关于客户行为和需求的重要见解。

8. 原创研究和创新工作坊

有时候，企业需要自己主动开展原创研究，以深入了解客户需求。创新工作坊是一个能够促进创新思维和收集新点子的好方式，通过与客户、员工和其他利益相关者的合作，产生新的理念和解决方案。

9. 客户分群分析

将客户细分成不同的群体，可以更精准地理解不同群体的需求。通过对每个群体的特点进行分析，企业可以针对性地开发产品和服务，提高整体客户满意度。

10. 技术创新和趋势分析

在科技飞速发展的今天，技术的创新也常常带来新的客户需求。跟踪行业的技术趋势和创新，可以帮助企业预测未来的客户需求，并提前调整产品和服务策略。

总的来说，客户需求的获取是一个全方位、多层次的过程。企业需要采用多种方法，不断地收集、分析和应用客户反馈，以确保他们的产品和服务能够持续地满足市场和客户的期望。通过建立有效的反馈机制和持续改进的文化，企业能够更好地适应不断变化的市场环境，取得长期的商业成功。

（三）客户需求的分析方法

客户需求的分析是一个关键的商业活动，它涉及深入理解客户的期望、痛点和偏好。有效的需求分析有助于企业更好地定位市场，设计符合客户期望的产品和服务，并制定更有效的市场营销战略。以下是一些常用的客户需求分析方法。

1. 市场细分与目标市场分析

方法：将市场划分为不同的细分市场，然后分析每个细分市场的特征和需求。

目的：通过理解不同细分市场的需求差异，企业可以更有针对性地开发产品和服务，提高市场占有率。

2. SWOT 分析

方法：分析企业的内部优势（Strengths）、劣势（Weaknesses）、外部机会（Opportunities）和威胁（Threats）。

目的：了解企业的内外部环境，识别潜在的市场机会和对手的竞争优势，从而调整战略以满足客户需求。

3. PESTEL 分析

方法：分析政治、经济、社会、技术、环境和法律等宏观环境因素对企业的影响。

目的：了解外部环境的变化，从而预测市场趋势和客户需求的演变。

4. 客户调研和反馈

方法：使用定性和定量研究方法，如问卷调查、深度访谈、焦点小组等，主动收集客户的看法和反馈。

目的：通过直接听取客户的声音，了解他们的需求、喜好和不满，为产品和服务的改进提供依据。

5. 竞争分析

方法：分析竞争对手的产品、定价策略、市场份额和客户反馈。

目的：了解市场上的竞争格局，发现竞争对手的优势和弱点，从而制定更有效的差异化策略。

6. 用户体验分析

方法：通过观察和分析用户在使用产品或服务时的体验，包括界面设计、易用性等方面。

目的：确保产品和服务符合用户的期望，提高用户满意度。

7. 数据分析

方法：利用大数据分析工具，分析客户行为数据、市场趋势等信息。

目的：通过数据挖掘，深入了解客户的购买行为、偏好和趋势，为产品和服务的优化提供数据支持。

8. 产品生命周期分析

方法：对产品在市场上的生命周期进行分析，包括产品的引入、成长、成熟和衰退阶段。

目的：确定产品在不同阶段的市场表现和客户需求的变化，为产品更新和创新提供指导。

9. 社交媒体分析

方法：监测社交媒体上关于企业和产品的讨论，分析用户的评论和反馈。

目的：了解公众舆论，发现产品的优势和改进的空间。

10. 趋势分析

方法：跟踪行业内的新兴趋势，包括技术、社会、文化等方面的变化。

目的：预测未来客户需求的发展方向，为企业提前调整战略。

客户需求的分析是一个动态的过程，需要不断地更新和调整。综合运用上述方法，企业可以更全面、深入地了解客户需求，以确保产品和服务能够持续地满足市场的期望。在这个信息时代，灵活运用各种分析工具和方法将成为企业成功的关键之一。

（四）客户需求分析的挑战与解决方案

客户需求分析是企业成功的关键步骤，但在实践中也面临一系列挑战。这些挑战需要综合运用各种方法和策略来解决，以确保企业能够更准确、深入地理解客户需求。

1. 挑战

信息过载：面对大量的数据和信息，企业可能难以筛选出关键的、有用的信息。

多样化的客户群体：不同客户有不同的需求和偏好，如何满足多样化的客户需求是一个挑战。

动态的市场环境：技术、社会、经济等方面的变化使市场环境动态变化，企业需要迅速适应这些变化。

客户反馈真实性：部分客户可能不愿提供真实的反馈，或者提供的反馈受到主观因素的影响。

需求变化的不确定性：客户需求可能因为市场变化、竞争状况等因素而发生不可预测的变化。

技术挑战：针对某些新兴技术或市场，技术方面的挑战可能导致难以准确预测和满足客户需求。

2. 解决方案

数据分析工具的运用：使用先进的数据分析工具和技术，帮助企业更好地处理和理解大量的数据，从中提炼出有价值的信息。

个性化营销策略：通过细分市场、个性化定制产品和服务，以满足不同客户群体的特定需求。

敏捷开发方法：采用敏捷开发方法，以更迅速、灵活地应对市场变化，及时调整产品和服务。

多渠道反馈机制：在不同渠道设立反馈机制，鼓励客户提供反馈，同时结合多渠道的反馈信息，减少主观因素对结果的影响。

定期市场调研：周期性地进行市场调研，关注市场趋势、竞争动态，以及客户需求的变化，提前发现并应对潜在的问题。

技术创新和预测：关注新兴技术的发展，预测技术趋势，通过技术创新来满足未来客户需求。

社交媒体监测：利用社交媒体监测工具，跟踪客户在社交媒体上的讨论和反馈，了解客户真实的看法和感受。

持续改进文化：建立企业文化中的持续改进理念，鼓励员工提出改进建议，推动企业不断优化产品和服务。

客户体验设计：将客户体验置于产品和服务设计的核心，通过用户研究和体验设计方法来理解和满足客户的需求。

战略合作和伙伴关系：与行业内的关键伙伴建立合作关系，共同应对市场变化和客户需求的挑战。

综合运用这些解决方案，企业可以更好地应对客户需求分析中的挑战，确保产品和服务在市场上的竞争力和持续发展。不断学习和适应是客户需求分析中的一项重要能力，而这也是成功企业的标志之一。

客户需求的获取与分析是企业成功的基石。通过深入了解客户，企业可以更好地调整战略，提高产品或服务的质量，增强市场竞争力。在不断变化的商业环境中，持续的客户需求分析是企业保持灵活性和创新力的关键。因此，建立有效的客户需求获取和分析体系，是每个企业都应该高度重视和持续改进的领域。

二、QFD 在提高客户满意度中的作用

QFD 是一种系统性的质量管理工具，旨在通过将客户需求与产品设计、制造和服务的各个方面相结合，提高产品或服务的质量。在提高客户满意度方面，QFD 发挥着关键的作用，通过确保产品或服务符合客户期望，从而提高企业的竞争力。本书将深入探讨 QFD 在提高客户满意度中的作用，并讨论其实施过程和关键优势。

（一）QFD 在提高客户满意度中的作用

1. 确保产品与客户需求一致

QFD 通过建立一个明确的矩阵，将客户需求与产品设计要素直接相关联。这确保了产品或服务的各个方面都是基于客户的期望来设计和生产的。通过这种方式，QFD 有助于消除误解和偏差，确保团队全面理解客户需求，从而提高了产品或服务的质量。

2. 加速创新和产品开发

QFD 有助于加速创新和产品开发的过程。通过将客户需求纳入设计和开发阶段，团队能够更快地响应市场需求，推出符合客户期望的产品。这种迅速响应市场的能力有助于提高客户满意度，因为客户更倾向于选择那些能够满足其需求并保持更新的产品或服务。

3. 降低产品或服务的变更成本

通过在早期考虑客户需求，QFD 有助于减少在产品或服务生命周期后期进行的变更。这种减少变更的趋势有助于降低成本，提高效率，并确保产品或服务的一致性。降低变更的频率和规模有助于提高客户满意度，因为客户更喜欢稳定、可靠的产品或服务。

4. 制定可量化的目标

QFD 的使用有助于建立可量化的目标和指标，以评估产品或服务的性能。通过明确定义目标，团队能够更好地追踪其进展，并根据实际数据进行调整。这有助于确保产品或服务不仅满足客户期望，而且在实际操作中表现良好。

5. 提高团队协作和沟通

QFD 的实施通常涉及多个部门和团队的协作。通过将不同部门的知识和专业技能纳入设计和开发过程中，QFD 有助于促进团队之间的协作和沟通。这种全面的团队协作有助于确保所有关键方面都得到了考虑，从而提高了产品或服务的综合质量。

（二）QFD 的实施过程

1. 确定客户需求

实施 QFD 的第一步是明确定义客户的需求。这可能涉及市场调查、客户反馈和对竞争产品的分析。关键是确保所有相关的客户需求都被考虑到。

2. 识别相关的设计要素

一旦客户需求被确定，下一步是识别与这些需求直接相关的设计要素。这些设计要素是影响产品或服务性能的因素，它们需要被纳入设计和开发的考虑之中。

3. 建立 QFD 矩阵

QFD 矩阵是一个关键工具，用于将客户需求与设计要素相对应。矩阵的建立有助于团队清晰地看到每个设计要素对满足特定客户需求的影响程度。

4. 制定优先级

在 QFD 矩阵中，团队需要为每个设计要素分配优先级，以确保资源被最有效地分配。这有助于确保满足最重要的客户需求，并提高客户满意度。

5. 实施和监测

QFD 的实施是一个持续的过程，需要不断监测和调整。实施后，团队需要密切关注产品或服务的性能，以确保其符合客户期望。根据实际数据，团队可以调整设计要素和优先级，以不断提高满意度水平。

（三）QFD 的关键优势

1. 客户导向

QFD 的核心理念是客户导向，强调将客户需求作为设计和开发的中心。通过深入了解客户的期望和需求，企业能够更好地满足市场需求，提高产品或服务的竞争力。这种客户导向的方法有助于确保企业不仅仅是在满足当前需求，还能够适应未来变化。

2. 促进跨部门合作

QFD 的实施通常涉及多个部门和团队，包括市场营销、设计、制造和服务。通过在一个矩阵中整合这些不同部门的信息，QFD 促进了跨部门的合作。这有助于确保整个组织都参与了产品或服务的设计和开发，从而提高了整体质量。

3. 提高产品或服务的创新性

QFD 通过将客户需求纳入设计和开发阶段，鼓励团队思考新的创新性解决方案。这有助于推动产品或服务的创新，使企业能够更好地满足市场的变化和客户的新需求。在竞争激烈的市场中，创新是提高客户满意度的关键。

4. 降低产品开发成本

通过在设计阶段识别并解决问题，QFD 有助于降低在产品开发后期进行变更的成本。这种早期问题解决的方法有助于避免昂贵的修正和重新设计，从而降低了产品开发的总体成本。这对于企业提高竞争力和降低产品价格是至关重要的。

5. 提高质量和可靠性

通过将客户需求与设计要素相匹配，QFD 有助于确保产品或服务在质量和可靠性方面符合期望。这是提高客户满意度的关键因素，因为客户通常更愿意选择那些质量高、可靠性强的产品或服务。

6. 适应性和灵活性

QFD 的灵活性使得企业能够更快地适应市场变化。通过定期监测和调整 QFD 矩阵，企业可以及时响应客户需求的变化，确保其产品或服务始终保持竞争力。

在提高客户满意度方面，QFD 是一个强大的工具，通过将客户需求纳入产品或服务的设计和开发过程，确保企业能够提供符合客户期望的产品或服务。QFD 不仅有助于确保产品的质量和可靠性，还能够促进创新、降低成本、加强团队合作，从而提高企业的竞争力。然而，QFD 的成功实施需

要全组织的参与和长期的承诺。只有在将客户需求置于企业决策的核心位置，并将 QFD 作为一个持续改进的工具，企业才能最大程度地受益于这种方法。

第五节　环境与可持续性考量

一、建筑质量管理中的环境考虑

在当今社会，建筑质量管理不再仅关注建筑物的结构和功能，还需综合考虑环境因素。环境考虑在建筑质量管理中的角色日益凸显，涉及建筑的设计、施工、使用和维护的各个方面。本书将深入探讨在建筑质量管理中环境考虑的重要性、关键因素，以及实施方法。

（一）建筑质量管理中环境考虑的重要性

建筑质量管理是确保建筑项目在设计、施工和使用阶段达到预期标准的关键过程。在过去的几十年中，全球对可持续发展和环境保护的关注不断增加，建筑业也逐渐转向更加环保和可持续的发展方向。在建筑质量管理中，环境考虑的重要性越来越凸显，因为建筑活动对环境产生广泛而深远的影响。本书将探讨在建筑质量管理中集成环境考虑的原因和重要性，以及如何有效地实施这一理念。

1. 环境可持续性的挑战

随着城市化的不断加剧和全球资源的有限性，建筑业对自然资源的需求和能源消耗不断增加。传统建筑模式通常以高能耗和高排放为特征，给环境带来巨大压力。碳足迹、能源浪费和大量的建筑废弃物成为了环境可持续性的主要挑战。因此，建筑业需要采取措施减轻其对环境的负面影响，这就需要在建筑质量管理中更加积极地考虑环境因素。

2. 环境考虑对建筑设计的影响

建筑设计阶段是决定建筑环境影响的关键时期。通过采用可持续建筑设计原则，可以降低能源消耗、优化建筑材料的选择、提高室内环境质量等。环保型建筑设计通常包括采用可再生能源、最大限度地利用自然光照和通风、选择环保材料等措施。通过将这些因素纳入建筑质量管理体系，可以在源头上降低环境影响，提高建筑的可持续性。

3. 施工阶段的环境管理

建筑施工过程中产生的废弃物、噪声和污染物是对环境的直接影响。在建筑质量管理中，必须采取措施降低施工活动对周围环境的负面影响。这包括合理的废弃物处理、减少噪声和空气污染、保护当地生态系统等。通过强调环境管理，建筑公司可以在施工现场采取一系列措施，确保环境受到最小损害。

4. 建筑使用阶段的环境维护

建筑一旦投入使用，其环境影响并不结束。建筑的能耗、维护和废物排放都直接关系到建筑的整体环境性能。引入环境维护的概念，包括定期的能源审计、设备维护和绿色运营原则，可以在建筑使用阶段减少对环境的负担。建筑质量管理需要将这些维护方面纳入标准，确保建筑在使用阶段仍然符合环保和可持续发展的要求。

5. 法规和社会责任

在越来越多的国家和地区，法规和社会对建筑环境影响的关注也在不断增加。许多国家已经出台了关于建筑可持续性和环境友好性的法规，建筑公司需要遵守这些法规。同时，作为企业公民，建筑公司也应当承担社会责任，积极履行环保义务。通过将法规和社会责任纳入建筑质量管理框架，可以确保企业在环境方面做出符合标准的决策。

在建筑质量管理中，环境考虑的重要性是不可忽视的。环境因素直接影响建筑的可持续性、社会形象和企业长期发展。通过在建筑设计、施工和使用阶段集成环境考虑，可以降低建筑对自然资源的依赖，减少能源消耗，降

低碳足迹，改善室内外环境质量。建筑行业需要从传统的建筑观念中转变，朝着更加环保和可持续的方向发展，而建筑质量管理正是这一转变过程中的关键环节。通过全面考虑环境因素，建筑业可以为实现全球可持续发展目标做出积极的贡献。

（二）环境考虑的关键因素

在建筑质量管理中，环境考虑涉及多个关键因素，这些因素共同影响建筑项目的环境影响和可持续性。以下是一些环境考虑的关键因素。

能源效率：建筑的能源使用对环境有直接的影响。通过采用能源效率技术、使用可再生能源，以及设计优化，可以减少建筑的碳足迹和对非可再生能源的依赖。

材料选择：建筑材料的选择对资源利用和环境负担至关重要。环保材料、可回收材料，以及减少环境影响的生产过程都是考虑的重点。

水资源管理：合理的水资源管理是环境考虑的一个重要方面。包括收集雨水、采用节水技术、建立高效的排水系统等，以减少对水资源的过度使用和水污染。

废弃物管理：在建筑施工和使用阶段产生的废弃物对环境有直接的影响。有效的废弃物管理包括减少废弃物产生、实行回收和再利用，并安全处置不可避免的废弃物。

生态系统保护：建筑项目可能影响周围的生态系统，包括植被、动物栖息地等。环境考虑需要采取措施，确保建筑活动不破坏周边的生态平衡。

室内环境质量：不仅是建筑外部环境，室内环境的质量对居住者的健康和舒适感也至关重要。通风系统、室内空气质量、光照等方面的设计都需要考虑环境因素。

社区影响：建筑项目对周围社区的影响也是环境考虑的一部分。包括噪声控制、交通影响、社区参与等方面，以确保建筑项目对周边社区的积极影响。

法规和标准遵从：遵循相关的法规和标准是环境考虑的基本要求。这包括国家和地区的建筑法规、环保法规，以及相关的认证标准，以确保建筑项目在法律框架内运作。

可持续设计原则：采用可持续设计原则是确保建筑项目环保的一种途径。这包括最大限度地利用自然资源、降低对环境的负担、考虑建筑的整体生命周期等。

意识与培训：建筑从业者的环保意识和培训也是环境考虑的关键因素。只有通过培训和提高人们对环境问题的认识，才能更好地实施环境友好的建筑管理实践。

这些因素共同构成了环境考虑的综合框架，建筑质量管理需要在项目的各个阶段考虑和整合这些因素，以实现对环境影响的有效管理。

（三）实施环境考虑的方法

实施环境考虑需要采用综合性的方法，涵盖建筑项目的各个阶段。以下是一些实施环境考虑的方法。

可持续设计：在建筑设计阶段，采用可持续设计原则是关键的一步。这包括考虑建筑方向、采光、通风、材料选择、能源效率等因素。使用 BIM 等技术可以帮助设计师模拟建筑在不同条件下的性能，优化设计。

生命周期评估：采用生命周期评估方法，考虑建筑从设计、建设到使用再到废弃的整个生命周期。这有助于全面了解建筑对环境的影响，并找到改进的空间。

绿色认证：寻求并遵循绿色建筑认证标准，如 LEED、BREEAM 等。这些认证系统提供了一系列环保标准，有助于评估和证明建筑的环保性能。

材料选择与资源管理：选择环保和可再生的建筑材料，减少对有限资源的依赖。同时，实施有效的资源管理，包括废弃物减少、材料回收和再利用。

能源管理与效率：采用高效能源系统，如太阳能、风能等可再生能源，同时优化建筑的能源使用。这包括采用智能控制系统、提高建筑绝热性能等

措施。

水资源管理：实施节水措施，包括收集雨水、使用低流量设备、建立高效的排水系统等，以减少对水资源的过度使用。

废弃物管理：制定废弃物管理计划，包括废弃物减量、回收和可持续处置。建筑施工和运营阶段需要特别关注废弃物的处理。

室内环境质量：关注室内环境的质量，包括通风、光照、材料选择等，以提高建筑的舒适性和健康性。

社区参与：与周边社区建立积极的沟通和合作，听取居民的意见，充分考虑对社区的影响，以确保建筑项目对社区的可持续性有积极的贡献。

员工培训和参与：通过培训建筑从业者，提高员工对环境问题的认识，并鼓励他们在工作中提出环保改进建议。员工的积极参与对于实现环保目标至关重要。

监测与改进：建立有效的监测体系，追踪建筑的环境性能。基于监测结果，进行持续改进，寻找提高环保性能的机会。

合规与法规遵从：了解并遵循相关的环境法规和建筑标准，确保项目在法律框架内运作，并在实践中充分考虑环境法规的要求。

通过综合应用这些方法，建筑项目可以更全面地考虑环境因素，实现更可持续的发展，并为未来建筑业的环境保护做出积极的贡献。

（四）建筑质量管理中的环境挑战与应对方案

成本压力：一些环保技术和材料可能会增加建筑成本，这是建筑业在环境方面面临的挑战。应对方案包括提倡长期投资思维，通过节能和资源合理利用降低长期运营成本。

技术和经验不足：部分建筑行业可能缺乏对环保技术和经验的了解。为了解决这一问题，可以通过开展培训计划，提升从业人员对于环保建筑技术和实践的认知水平。同时，鼓励知识分享和合作，加强行业内的经验交流。

法规和标准的多样性：不同地区和国家可能有不同的环保法规和标准，

这可能导致建筑公司在全球范围内难以做到一致性。解决方案包括建立国际性的环保标准，或者在多样性的法规中寻找共同点，以确保在全球范围内的合规性。

技术更新和创新：部分建筑公司可能面临采用新技术的困难，尤其是一些中小型企业。鼓励和支持技术创新，促使行业朝着更环保的方向发展，可以通过政府激励措施和行业组织的支持来推动。

社会认知不足：一些人对于环保建筑的认知水平可能较低，这可能导致对环保建筑的需求不足。解决方案包括加强公众教育，提高人们对于环保建筑的认知，促使市场对环保建筑的需求增加。

建筑质量管理中的环境考虑在当今社会变得愈加重要。随着全球环保意识的提升和可持续发展理念的普及，建筑业必须在建筑的设计、施工、使用和维护的各个阶段考虑环境因素。从绿色设计、施工过程的环保管理到建筑的节能维护，都需要系统性地考虑环境影响。

在面临各种挑战的同时，建筑业也正逐渐认识到环保不仅是一种法定要求，更是一种社会责任和商业机会。通过采用先进的环保技术、推广绿色建筑理念，建筑行业不仅能够减轻对环境的负担，还能够提高企业形象、降低运营成本，并适应未来环保标准的发展趋势。

为了实现建筑质量管理中的环境考虑，行业参与者需要共同努力，包括建筑设计师、施工人员、建筑材料供应商、政府监管部门等。只有在全行业通力合作的基础上，才能够真正实现建筑行业的绿色、可持续发展，为环境和社会创造更加宜居、可持续的未来。

二、QFD 对建筑可持续性的影响

在当前全球范围内，对建筑可持续性的关注越来越高。可持续建筑旨在降低对环境的负担，提高资源利用效率，并创造更健康、更舒适的居住和工作环境。在实现建筑可持续性的过程中，QFD 作为一种系统性的方法，对于将可持续性原则融入建筑设计、施工和维护中具有深远的影响。本书将深

入探讨 QFD 在建筑可持续性中的作用，包括其原理、方法，以及实际应用。

（一）建筑可持续性的定义与原则

1. 建筑可持续性的定义

建筑可持续性是指在建筑设计、施工、运营和拆除过程中，综合考虑社会、环境和经济方面的因素，以最大程度减少资源消耗、环境污染和对自然生态系统的破坏，实现对人类和地球的长期影响的最小化。可持续建筑旨在创造一个能够提供高品质生活和工作环境的建筑，同时降低对地球资源的负担。

2. 建筑可持续性的原则

综合设计：可持续建筑强调综合设计，即在建筑的不同阶段，包括规划、设计、施工和运营，考虑多个因素。这包括建筑的生命周期，从资源采集到废弃物处理。

能源效率：提高建筑的能源效率是可持续建筑的核心原则之一。这包括采用节能技术、使用可再生能源，以及优化建筑的能源消耗。

材料选择：选择环保和可再生的建筑材料，减少对非可再生资源的依赖。材料应当具有低碳足迹、可回收性，且生产过程对环境影响较小。

水资源管理：可持续建筑强调对水资源的可持续使用。这包括采用低流量设备、收集和利用雨水、实行高效的排水系统等。

废弃物管理：采用废弃物减量、回收和再利用的原则，最小化建筑施工和使用阶段产生的废弃物，同时进行合理的废弃物处理。

生态系统保护：可持续建筑需要考虑建筑对周围生态系统的影响，并采取措施以保护和促进当地生态平衡。

室内环境质量：着眼于提高室内环境的质量，包括通风、光照、空气质量等，以确保建筑用户的健康和舒适。

社区参与：强调与社区的积极互动，听取居民的意见，确保建筑项目对社区的积极影响，并创造有益于社区的空间。

可持续交通：考虑建筑的位置和交通模式，以减少对交通系统的负担，鼓励可持续的交通方式，如步行、骑行和公共交通。

生态景观设计：强调在建筑周围创造可持续的景观设计，包括植物选择、雨水花园等，以促进生态多样性和改善城市生态环境。

这些原则共同构成了建筑可持续性的框架，通过综合应用这些原则，可以创造出对环境、社会和经济都具有积极影响的建筑项目。

（二）QFD 在建筑可持续性中的应用

顾客需求的转化：在可持续建筑设计中，QFD 可以帮助将顾客对于环保、能源效率、室内空气质量等方面的需求转化为具体的建筑设计要求。通过建立屋子模型，设计团队可以更清晰地了解到底什么对顾客来说是最重要的。

环保材料的选择：QFD 可以用于对不同建筑材料的环境性能进行评估和比较。通过建立材料特性与环境影响之间的关系矩阵，设计团队可以选择对环境影响较小的材料，提高建筑的可持续性。

能源效率的考虑：在 QFD 中，能源效率可以成为一个重要的设计要素。通过建立能源效率与不同设计方案之间的关系矩阵，设计团队可以优先考虑那些在整个生命周期中能够提供更高能源效益的方案。

生命周期分析：QFD 有助于进行建筑的全生命周期分析，包括设计、建造、使用和拆除阶段。通过建立矩阵，设计团队可以全面考虑建筑在不同阶段对环境的影响，制定更全面、更可持续的设计策略。

社会责任的整合：QFD 的方法可以用于整合社会责任的考虑。通过建立社会责任与不同设计方案之间的关系矩阵，设计团队可以优先考虑那些有助于社会可持续发展的方案，提高建筑的整体可持续性。

（三）QFD 在建筑可持续性中的挑战与解决方案

复杂性与数据不确定性：建筑项目通常涉及大量数据和复杂的相互关

系，因此在 QFD 中的数据收集和分析可能面临不确定性。解决方案包括采用先进的数据分析工具，以及对数据不确定性进行充分的风险评估。

多利益相关者的考虑：建筑项目涉及多个利益相关者，包括业主、设计师、施工团队、使用者等。解决方案包括在 QFD 过程中引入多方参与，通过有效的沟通和协作解决不同利益之间的冲突。

不同项目类型的适应性：不同的建筑项目可能具有不同的特征和需求，QFD 的方法可能需要根据具体情况进行灵活调整。解决方案包括对 QFD 方法进行定制化，以适应不同类型和规模的建筑项目。

文化差异：在全球范围内，不同地区的文化和法规差异可能影响 QFD 的实施。解决方案包括在 QFD 团队中引入具有不同文化背景的成员，以确保考虑到地方差异。

技术水平的考虑：不同建筑项目可能在技术水平上存在差异，一些项目可能更容易应用先进的可持续技术，而另一些项目可能面临技术水平的限制。解决方案包括在 QFD 中进行技术评估，确定可行的技术方案。

QFD 作为一种系统性的方法，对于建筑可持续性的影响是深远而积极的。通过将顾客需求转化为建筑设计的具体要求，QFD 有助于确保在建筑的整个生命周期内都考虑到可持续性原则。在环保材料的选择、能源效率的考虑、生命周期分析等方面，QFD 为建筑团队提供了一个有力的工具，帮助他们更全面地考虑建筑的可持续性。

然而，QFD 在建筑可持续性中的应用也面临一些挑战，包括复杂性、多利益相关者的考虑、文化差异等。解决这些挑战需要建筑团队具备跨学科的能力，同时采用灵活的方法，根据具体情况调整 QFD 的应用方式。

在未来，随着社会对可持续性的需求不断增加，QFD 有望继续在建筑领域发挥重要作用。建筑团队应该不断学习和改进，借助先进的技术手段，不断提升 QFD 的适应性和精准性，以更好地推动建筑行业朝着可持续性方向发展。通过共同努力，QFD 和可持续建筑原则将共同推动建筑业迈向更加环保、经济、社会友好的未来。

第六节 建筑质量管理中的风险评估

一、风险管理在建筑中的地位

建筑项目的复杂性和多样性使其面临众多潜在风险。风险管理在建筑领域的地位日益凸显，不仅是为了规避项目的顺利进行，更是为了确保建筑工程的质量、安全和可持续性。本书将深入探讨风险管理在建筑中的地位，涵盖其定义、重要性、流程、方法，以及实际应用。

（一）风险管理的定义与基本概念

1. 风险管理的定义

风险管理是一种系统性的方法，旨在识别、评估、监控和应对组织面临的各种风险，以最大程度地实现组织的目标。这包括了对潜在风险的识别，对风险的评估和分类，以及采取相应的措施来减轻、转移、接受或规避风险。风险管理通常是一个全面的过程，覆盖组织内部和外部的各种风险，包括战略、财务、操作、合规性和其他方面。

2. 基本概念

风险：风险是指不确定事件可能对组织目标的达成产生的负面影响。风险通常涉及某种不确定性，可能导致损失或机会的缺失。

风险管理过程：风险管理是一个连续的过程，包括风险识别、风险评估、风险应对和监控。这个过程的目标是帮助组织更好地理解和应对潜在的风险。

风险识别：风险识别是风险管理的起点。这包括识别可能对组织目标产生负面影响的潜在事件或条件。

风险评估：风险评估是对已经识别的风险进行分析和量化的过程。这包

括确定风险的可能性、影响的程度，以及风险的整体风险水平。

风险应对：风险应对是指采取措施来降低、转移、接受或规避已识别的风险。这可能包括制定风险规避策略、购买保险、改进流程等。

风险监控：风险监控是风险管理过程的持续性部分。它包括对风险情况的定期监测，以确保已采取的风险应对措施仍然有效，并及时调整以适应变化的环境。

风险意愿和容忍度：组织的风险意愿是指组织对承担风险的程度，而风险容忍度是指组织能够接受的最大风险水平。这两个概念帮助组织确定风险应对策略的界限。

风险文化：风险文化是指组织对风险的态度、价值观和行为。建立积极的风险文化有助于组织更好地理解、应对和学习从风险中获取的信息。

事件树和风险树：事件树是一种图形表示方法，用于显示与一个特定事件相关的可能的结果。风险树则用于表示潜在风险因素的多个层次，以及这些因素对组织目标的可能影响。

风险报告和沟通：风险报告是将风险信息传达给相关利益相关方的过程。有效的风险沟通是风险管理的关键组成部分，有助于确保所有利益相关方对组织的风险理解一致。

风险管理是现代组织管理的不可或缺的一部分，有助于保护组织免受潜在的不确定性和损失。通过建立有效的风险管理体系，组织可以更加灵活和适应变化的环境。

（二）风险管理在建筑中的重要性

在建筑领域中，风险管理的重要性不可忽视，因为建筑项目的复杂性、规模和不确定性使其充满各种潜在的风险。以下是风险管理在建筑中的关键重要性。

复杂的项目结构：建筑项目涉及多个阶段，包括设计、施工、运营等，每个阶段都涉及众多的相关方和活动。项目的复杂性增加了潜在的风险，因此需要系统性的风险管理方法。

成本和时间压力：建筑项目通常有明确的预算和时间限制。由于施工延误、成本超支等原因可能导致项目失败，因此对时间和成本的风险管理至关重要。

人员安全：建筑项目通常在大型和复杂的工地上进行，涉及各种工程设备和人员。风险管理在确保工作场所安全，预防事故和保护工人健康方面起着关键作用。

环境和法规合规性：建筑项目必须遵守各种环保法规和建筑标准。不符合法规可能导致法律责任和罚款，因此需要对这些方面的风险进行有效的管理。

供应链和材料风险：建筑项目的成功取决于供应链的稳定性和材料的质量。供应链中的中断、材料质量问题等都可能对项目造成严重的影响，因此需要进行供应链和材料风险管理。

设计变更和范围蔓延：在建筑项目中，设计变更和范围蔓延是很常见的。这可能导致成本增加和项目延误，因此需要对这些变化进行及时的识别和管理。

技术和创新风险：引入新技术和创新可能对项目的成功产生深远的影响。然而，这也伴随着技术可行性和实施风险，需要有效的管理以确保项目成功。

保险和财务风险：建筑项目可能面临火灾、自然灾害等风险，需要适当的保险覆盖。同时，财务风险如市场波动、融资成本等也需要有效的管理。

合同管理：合同是建筑项目中的关键因素，但也是潜在的风险来源。风险管理需要考虑与合同相关的问题，如条款解释、合同履行和纠纷解决。

声誉和社会责任：建筑公司的声誉对其业务至关重要。不良的项目结果或环境影响可能损害公司的声誉，因此需要管理与社会责任相关的风险。

综上所述，风险管理在建筑项目中的重要性是确保项目成功完成、符合法规标准、保障人员安全、维护公司声誉，以及最大程度减少项目潜在风险

对组织的不利影响。有效的风险管理有助于提高建筑项目的成功率、减少成本和时间超支，并提升组织的整体绩效。

（三）风险管理的流程

风险管理是一个连续的、系统性的过程，通常包括以下基本步骤。这些步骤可根据具体的组织和项目的特点进行调整，但总体上是通用的。

1. 风险识别

定义项目目标：确定项目的目标和关键要素。

收集信息：收集有关项目的信息，包括项目计划、历史数据、专业知识等。

组织工作坊：进行团队会议或工作坊，通过集体讨论和脑暴的方式识别可能的风险。

2. 风险评估

风险分类：对已识别的风险进行分类，例如技术风险、市场风险、财务风险等。

风险定性评估：评估风险的可能性和影响，通常使用矩阵或图形工具进行标示。

风险定量评估：对那些可以量化的风险，进行更详细的定量评估，计算潜在的成本和影响。

3. 风险优先级排序

确定风险优先级：将已评估的风险按照其可能性和影响的组合进行排序，以确定哪些风险是最紧迫的。

4. 风险应对策略制定

风险规避：制定措施以规避风险，即采取行动以消除或减小风险的可能性。

风险减轻：制定措施以减轻风险，即采取行动以降低风险的影响。

风险转移：制定措施以转移风险，通常通过购买保险或与其他利益相关方共享责任来实现。

风险接受：对于某些风险，决定接受其存在，但可能采取措施来减轻其潜在的影响。

5. 风险实施和执行

实施风险应对策略：将制定的风险应对策略纳入项目计划和活动中。

设立监控机制：建立监控机制，以便实时追踪和评估风险的实施情况。

6. 监控与审查

风险监控：定期监控已实施的风险应对策略，确保其有效性。

风险审查：定期审查和更新风险注册表、风险管理计划，以适应项目的变化。

7. 风险沟通与报告

内部沟通：在项目团队内部分享风险信息，确保团队成员了解并理解当前的风险情况。

外部沟通：向项目利益相关方和高层管理层汇报风险状况，以保持透明度和获得支持。

8. 学习与知识管理

经验总结：在项目结束后，总结和分析项目中的风险管理经验，以获取教训和提高未来项目的风险管理能力。

知识共享：将获得的知识和经验分享给组织内的其他项目团队，促进组织在风险管理方面的不断学习和提高。

风险管理是一个循环迭代的过程，不仅在项目的早期阶段，而是贯穿整个项目的生命周期。通过系统性的风险管理流程，组织可以更好地应对不确定性和变化，确保项目目标的顺利达成。

（四）风险管理的方法

风险管理涵盖了多种方法和工具，可以根据项目的特点和组织的需求进行选择和组合。以下是一些常用的风险管理方法。

1. 风险识别方法

头脑风暴：通过团队成员的集体讨论和思考，识别潜在的风险。

SWOT 分析：分析组织内外部的优势、劣势、机会和威胁，以确定风险因素。

2. 风险评估方法

风险矩阵：将风险的可能性和影响用矩阵表示，便于对风险进行定性评估。

敏感性分析：分析项目中关键变量的变动对风险的影响，以评估不确定性的程度。

场景分析：制定不同的发展场景，分析每种场景下的风险和机会。

3. 风险应对方法

规避：采取措施以消除或减小风险的可能性。

减轻：采取行动以降低风险的影响。

转移：将风险责任转移到其他方，通常通过购买保险或与其他组织合作来实现。

接受：对某些风险的存在进行明确的接受，并确定在发生时采取的应对措施。

4. 风险监控方法

指标和阈值：设定监控指标和阈值，一旦达到或超过阈值，就触发相应的风险应对措施。

定期审查和报告：定期审查和报告风险管理计划的执行情况，及时调整和更新。

技术监控：使用技术工具和系统来实时监测项目中的风险因素。

5. 风险沟通方法

会议和沟通计划：在项目中设置定期的会议，以便讨论和沟通风险情况。

报告和文档：撰写风险报告、风险注册等文档，将风险信息传达给利益相关方。

沟通技能培训：对项目团队成员进行沟通技能培训，以确保有效的风险沟通。

6. 学习与知识管理方法

经验总结和回顾：在项目结束后进行项目经验总结和回顾，识别成功经验和改进建议。

知识库：建立一个风险知识库，用于存储和分享项目和组织中的风险管理知识。

培训和教育：提供培训和教育，以提高团队成员对风险管理的认识和能力。

7. 技术工具和软件

风险管理软件：使用专业的风险管理软件，如蒙特卡写模拟、敏感性分析工具等，来支持风险分析和模拟。

项目管理工具：集成风险管理功能到项目管理工具中，以便更好地跟踪和管理项目中的风险。

这些方法可以根据项目和组织的需求进行定制和调整。一个综合而有效的风险管理计划通常包括这些方法的结合使用，以确保对项目中潜在风险的全面管理。

（五）风险管理在建筑中的实际应用

设计阶段的风险管理：在设计阶段，团队需要考虑建筑的可行性、合规性、设计的技术可行性等。通过风险管理，可以及早发现并处理设计中的问题，确保建筑方案的可行性和有效性。

施工阶段的风险管理：施工阶段面临着许多风险，包括工期延误、成本超支、安全问题等。通过建立风险管理计划，团队能够更好地应对这些风险，确保工程按计划进行。

法律和法规风险管理：法律和法规的变化可能对建筑项目造成重大影响。通过跟踪相关法规和及时进行合规性评估，团队可以避免由于法律问题

而导致的风险。

环境可持续性风险管理：考虑到社会对环境可持续性的要求，建筑项目需要管理与环境有关的风险，包括使用环保材料、能源效率等方面的问题。

金融和经济风险管理：金融市场和经济状况的波动可能影响到建筑项目的资金和投资。通过对金融和经济风险的评估，团队可以制定更为灵活的资金计划和应对策略。

（六）风险管理在建筑中的挑战与应对方案

不确定性和复杂性：建筑项目常常面临不确定性和复杂性，使得风险管理变得更加具有挑战性。解决方案包括采用更为灵活的方法，结合经验和专业知识，以更好地应对不确定性。

多利益相关者的参与：不同利益相关者对于风险的看法可能不同，可能会导致团队在风险管理方面出现分歧。解决方案包括加强沟通和协作，确保多利益相关者的参与和共识。

信息的不对称：风险管理需要准确、充分的信息支持。但有时信息可能不对称，一些重要的信息可能被忽视。解决方案包括建立信息共享的机制，确保团队能够获得全面的信息。

人为因素：人为因素，如人为错误、管理不善等，可能是风险发生的原因之一。解决方案包括加强团队的培训和管理，提高团队对风险的敏感性。

在建筑项目中，风险管理的地位不可忽视。通过识别、评估和应对风险，建筑团队能够更好地规避项目的各个阶段，确保项目按计划进行，达到预期目标。风险管理不仅有助于降低不确定性，提高项目的成功率，也有助于确保建筑的质量、安全性和可持续性。在未来，随着建筑项目的日益复杂和社会对建筑可持续性的要求不断提高，风险管理将更加成为建筑项目管理不可或缺的一部分。通过不断学习和改进风险管理方法，建筑行业将能够更好地适应变化，并取得更大的成功。

二、QFD 在风险评估中的运用

风险评估是项目管理中至关重要的一环，旨在识别、分析和应对可能影响项目目标实现的不确定性因素。QFD 作为一种系统性的方法，通过将客户需求转化为产品或服务设计要求，有望在风险评估中发挥重要作用。本书将深入探讨 QFD 在风险评估中的运用，包括其原理、方法，以及实际应用。

（一）风险评估的基本原理

风险评估是一种系统性的方法，用于识别、评估和管理潜在的风险，以确保组织在面对不确定性和变革时能够做出明智的决策。风险评估的基本原理涉及一系列步骤和方法，旨在全面了解潜在风险并采取适当的措施来降低其影响。以下是风险评估的基本原理，将涵盖其关键方面。

1. 定义风险评估的目标和范围

在进行风险评估之前，首要任务是明确定义评估的目标和范围。这包括确定评估的时间框架、涉及的业务过程、项目或系统，以及利害相关方的期望。明确的目标和范围有助于确保评估的有效性和针对性。

2. 建立评估的框架和标准

风险评估需要一个明确的框架和一套标准，以确保评估的一致性和可比性。通常，标准可以包括法规、行业标准、最佳实践等。建立一个良好的框架有助于组织整理评估的信息，并确保所有潜在的风险因素都被考虑到。

3. 识别潜在风险

识别潜在风险是风险评估的关键步骤。这可以通过与相关利害相关方沟通、文献研究、专家意见等手段来完成。关注内部和外部因素，包括技术、市场、法规、人员等方面，以确保全面而系统地识别潜在的风险。

4. 风险的定性和定量评估

风险评估包括对潜在风险的定性和定量评估。定性评估通常是主观的，基于专家判断，使用描述性的术语，如高、中、低。而定量评估涉及对风险

的量化，通常使用概率和影响的量化指标。这有助于对不同风险进行比较和优先级排序。

5. 确定风险的影响和可能性

了解风险的影响和可能性对于有效的风险管理至关重要。影响是指风险发生后可能对组织造成的直接或间接的影响，而可能性则是风险发生的概率。通过综合考虑这两个因素，可以确定哪些风险是最紧迫和最有可能发生的，从而优先处理。

6. 制定风险应对策略

一旦风险被识别和评估，就需要制定适当的风险应对策略。这可能包括避免、转移、减轻或接受风险。选择应对策略时，需要综合考虑组织的目标、资源、容忍度等因素。

7. 监测和审查

风险评估不是一次性的活动，而是需要定期监测和审查的过程。这包括监测潜在风险的变化，评估已实施的风险管理策略的有效性，以及调整风险评估框架和标准以应对新的情境。

8. 沟通与共享信息

风险评估的结果应该及时、准确地传达给所有相关利害相关方。这有助于确保透明度，促使对风险的共同理解，并在必要时调整风险管理策略。

风险评估是一个持续的、逐步的过程，需要组织全体的参与和支持。通过按照上述基本原理执行风险评估，组织能够更好地了解其面临的潜在风险，采取有针对性的措施，从而更好地应对不确定性和挑战。这些基本原理构成了一个全面而灵活的框架，使得组织能够根据其特定的情境和需求进行定制和应用。

（二）QFD 在风险评估中的运用

顾客需求的转化：在风险评估中，QFD 可以用于将项目干系人（包括顾客）的需求和期望转化为具体的项目设计要求。这有助于确保风险评估过程充分考虑到项目的最终用户和相关利益相关者的需求。

风险识别与顾客需求关联：QFD 提供了一个框架，可以将风险因素与顾客需求进行关联。通过建立关系矩阵，团队可以更全面地理解哪些风险与顾客需求密切相关，从而更有针对性地进行风险评估。

矩阵分析与优先级确定：QFD 中的矩阵分析可以用于确定不同风险的优先级。通过对风险与顾客需求关系矩阵的分析，可以确定哪些风险对于满足顾客需求和项目成功最为关键。

重要度评估与风险处理优先级：QFD 的重要度评估方法可以用于确定风险处理的优先级。哪些风险对项目目标的影响最大，将成为重点关注和处理的对象。

持续改进与反馈循环：QFD 强调持续改进和反馈循环。在风险评估中，这意味着团队可以通过持续监控风险和反馈信息，不断优化风险评估和管理策略。

（三）QFD 在风险评估中的优势

QFD 是一种系统性的方法，旨在将顾客需求转化为产品或服务的设计要素，并确保这些设计要素在整个生产过程中被有效地实施。

QFD 通过在产品或服务设计的早期阶段就考虑顾客需求，有助于降低风险。在风险评估中，对产品或服务的需求进行明确而全面的了解是至关重要的。QFD 提供了一种结构化的方法，帮助团队识别潜在的风险源，并在设计阶段采取适当的措施来减轻这些风险。通过将顾客需求与设计要素相匹配，QFD 可以帮助团队更好地了解哪些设计要素对顾客至关重要，从而有助于集中资源以降低与这些要素相关的风险。

QFD 强调跨职能团队的合作，有助于综合多方面的专业知识来评估风险。在风险评估中，需要考虑多个因素，涉及不同领域的专业知识。QFD 的优势在于它促进了不同职能团队之间的沟通和合作。通过在 QFD 矩阵中整合不同部门的观点，团队可以更全面地了解潜在的风险，并制定综合性的

风险管理策略。这有助于避免在后期阶段才发现的问题，从而减少风险的可能性。

QFD 提供了一个持续改进的框架，有助于在整个生产周期中不断优化风险管理。风险评估不仅是项目的一部分，而是一个动态的过程，应在整个产品或服务的生命周期中进行。QFD 通过强调顾客反馈和不断改进的原则，为风险管理提供了一个持续的框架。通过不断迭代和更新 QFD 矩阵，团队可以及时调整风险管理策略，以适应不断变化的市场和技术环境。

QFD 有助于识别和处理潜在的供应链风险。在现代复杂的供应链网络中，识别和管理潜在的风险变得尤为重要。QFD 通过将供应链纳入设计过程，帮助团队考虑到供应链中可能出现的问题。通过在 QFD 矩阵中集成供应商和合作伙伴的信息，团队可以更好地了解整个供应链中的风险，并采取适当的措施来降低这些风险。

QFD 强调了顾客满意度，有助于降低与品质问题相关的风险。在产品或服务设计中，品质问题可能是潜在的风险源。QFD 通过将顾客需求置于设计的核心，确保产品或服务在满足顾客期望的同时最大限度地减少品质问题。这有助于降低售后服务和维修的成本，同时增加顾客忠诚度，从而在市场竞争中获得竞争优势。

综合而言，QFD 在风险评估中具有独特的优势，可以在产品或服务设计的早期阶段就识别和管理潜在的风险。通过将顾客需求置于设计的核心，促进跨职能团队的合作，提供持续改进的框架，识别和处理供应链风险，以及强调品质问题，QFD 为企业在竞争激烈的市场中取得成功提供了有力的支持。在未来，随着企业对风险管理的需求不断增加，QFD 的应用可能会进一步扩大，成为提高产品或服务质量和降低风险的关键工具之一。

QFD 作为一种将客户需求转化为产品或服务设计要求的系统性方法，在风险评估中具有显著的潜力。通过将顾客需求与风险因素相结合，QFD 有助于确保风险评估更加贴近项目的实际需求和最终用户的期望。其系统性、全面性和可视化效果使得团队能够更好地理解风险，确定优先级，并制定有效的应对策略。然而，QFD 在实际应用中仍面临一些挑战，包括复杂性、多利益相关者的参与等。通过充分的培训、定制化应用，以及持续改进的理念，这些挑战是可以克服的。在未来，随着项目管理方法的不断演进和建筑项目的日益复杂，QFD 有望成为风险评估领域中的重要工具，推动建筑项目更加顺利、可持续的实施。

第五章　建筑质量管理中的问题与挑战

第一节　QFD 在建筑质量管理中的限制与挑战

一、QFD 方法的局限性

QFD 是一种在产品或服务设计过程中将顾客需求转化为设计要求的系统性方法。尽管 QFD 在提高产品质量和满足顾客需求方面取得了显著成就，但它也存在一些局限性。本书将深入探讨 QFD 方法的局限性，并提出应对策略，以使其更好地适应各种复杂情境。

（一）QFD 方法的局限性

QFD 是一种强大的工具，能够将顾客需求转化为设计要素，并在产品或服务开发过程中提供指导，但它也存在一些局限性。

依赖于准确的顾客反馈：QFD 的有效性取决于对顾客需求的准确理解。如果顾客反馈不准确、不完整或不代表整个市场，那么建立的 QFD 矩阵可能会失真，导致设计方案与实际市场需求不符。

难以处理模糊和主观的需求：有些顾客需求可能是模糊的或主观的，难以量化和明确定义。在这种情况下，QFD 可能无法有效地将这些需求转化为可操作的设计特性，导致设计过程的不确定性。

可能导致过度设计：为了满足所有的顾客需求，设计团队可能会倾向于引入过多的设计特性，从而导致产品的过度设计。这可能会增加成本，降低生产效率，并最终使产品在市场上不具备竞争力。

团队合作的难度：QFD 强调跨职能团队的合作，但在实践中，不同部门之间的协调和沟通可能是一个挑战。团队成员之间的差异性观点和目标可能导致实施 QFD 时的困难。

不适用于所有项目：QFD 可能不适用于所有类型的项目。特别是在创新型项目中，由于缺乏先前的顾客反馈，QFD 的应用可能受到限制。在这种情况下，其他方法，如设计思维，可能更为合适。

无法解决外部环境变化：QFD 建立在特定时间点对顾客需求的理解基础上，但市场和技术环境可能会发生变化。如果外部环境发生重大变化，之前建立的 QFD 矩阵可能需要进行调整，以适应新的市场条件。

复杂性：实施 QFD 可能需要大量的时间和资源。对于一些小规模项目或资源受限的组织来说，这可能会成为一个不切实际的负担。

不是解决所有问题的银弹：QFD 是一个强大的工具，但它并不是解决所有问题的银弹。它应该被视为一个在适当情境下使用的方法，而不是一种适用于所有场景的通用解决方案。

在使用 QFD 时，组织需要认识到这些局限性，并在实践中灵活应用。根据项目的特点，可能需要结合其他方法和工具，以确保设计过程的全面性和有效性。

（二）应对 QFD 方法局限性的策略

整合多源数据：针对数据的依赖性，团队可以寻求整合多源数据，包括社交媒体反馈、用户体验数据等。这有助于弥补传统数据收集的不足，提高 QFD 的适应性。

简化和优化 QFD 过程：对于复杂项目，团队可以考虑简化和优化 QFD 的过程。例如，可以通过减少矩阵中的设计要素数量，选择关键的设计要素，

以提高 QFD 的实施效率。

多利益相关者参与：多利益相关者的差异性可以通过更广泛的参与来解决。团队可以采用多元化的工作坊、定期会议等形式，以确保各方利益得到平衡和整合。

动态更新 QFD：为了解决 QFD 在项目初期的应用局限性，团队可以考虑动态更新 QFD 分析。定期的评估和更新可以确保 QFD 反映项目的实际状态，及时调整设计要素和优先级。

整合其他方法：对于复杂关系和创新性需求，团队可以考虑整合其他方法。例如，创新设计方法、系统工程方法等可以与 QFD 结合，以更好地应对复杂性。

强调创新：团队在 QFD 的实施中应该强调对创新性的关注。这可以通过引入创新性的工具、技术和团队思维来实现，以确保 QFD 不仅关注当前需求，也能够预测未来趋势。

QFD 作为一种将顾客需求转化为设计要求的方法，在许多项目中取得了成功。然而，它也有一些局限性，包括过度依赖数据、复杂性与时间成本、多利益相关者的差异等。在应对这些局限性时，团队可以采取多种策略，例如整合多源数据、简化和优化 QFD 过程、多利益相关者的参与、动态更新 QFD、整合其他方法，以及强调创新。

通过案例研究的实践经验，可以看到成功的应对策略。在现实项目中，根据具体情境选择合适的策略是至关重要的。QFD 作为一个灵活的工具，可以根据项目的特点进行定制和调整。在未来，随着项目管理领域的发展和新技术的涌现，QFD 有望通过不断创新和演进，进一步提升其适应性和实用性，为项目成功提供更有力的支持。

二、在实际应用中可能遇到的问题

QFD 作为一种将顾客需求转化为设计要求的方法，在实际应用中取得了广泛的成功。然而，在使用 QFD 的过程中，团队可能会面临一些挑战和问题。本书将深入探讨在实际应用中可能遇到的 QFD 问题，并提出解决策略，以帮助团队更有效地克服这些难题。

（一）数据获取和准确性问题

数据获取和准确性问题在今天的信息时代中变得尤为重要。随着科技的飞速发展，数据成为了决策制定、研究分析和商业运营的关键要素。然而，数据的获取和准确性问题不断引发关注，因为它们可能对个人、组织和社会产生深远的影响。

1. 数据获取的重要性

数据获取是指从不同来源收集数据的过程，这些数据可以用于各种用途，包括科学研究、政策制定、市场分析和业务决策。数据获取的重要性体现在以下几个方面。

决策制定：政府、企业和个人在制定重要决策时需要可靠的数据支持。例如，政府需要数据来制定政策，企业需要数据来进行市场分析和规划业务战略，个人需要数据来做出个人金融决策。

科学研究：科学家和研究人员需要数据来验证假设、推进科学知识和解决现实世界的问题。天文学家需要天文观测数据，生物学家需要实验数据，气象学家需要气象数据。

社会发展：数据获取也对社会发展至关重要。通过监测社会指标和趋势，政府和国际组织可以了解社会的进展和需求，以便更好地满足公众的需求。

个人生活：在个人生活中，人们使用数据来做出购物决策、计划旅行、管理健康和进行教育。例如，人们依赖于在线评价和商品比较数据来选择购买的产品。

2. 数据准确性的重要性

数据的准确性是数据质量的一个关键方面。准确的数据对于决策制定和研究分析至关重要，因为不准确的数据可能导致错误的结论和不良的决策。以下是数据准确性的重要性。

可靠性：准确的数据是可靠的数据。只有当数据可靠时，才能在各种情境下被信任和使用。不准确的数据可能导致不可靠的决策。

影响决策：组织和政府依赖于数据来做出重要决策，如投资、资源分配和政策制定。不准确的数据可能导致资金浪费、不恰当的资源分配和不明智的政策。

科学研究：科学研究依赖于可重复性和准确性。不准确的数据可能导致科研结果不可信，从而妨碍科学知识的发展。

声誉和信任：组织和个人的声誉和信任可能会受到不准确数据的损害。一旦被发现使用不准确数据，声誉可能会受到严重损害。

3. 数据获取问题

尽管数据获取对于各种用途至关重要，但它面临着一系列挑战。

隐私问题：收集个人数据可能涉及隐私问题。人们担心他们的个人信息可能被滥用或泄露，这可能导致数据采集的限制和监管加强。

数据质量：数据质量是一个关键问题。不良的数据质量可能包括错误、不完整性和不一致性。这可能导致误导性的结果和决策。

数据量和多样性：数据获取的数量和多样性也是挑战。有时候需要大量的数据来进行可靠的分析，而有些数据可能不容易获得，或者缺乏多样性。

数据获取成本：数据获取可能会涉及高昂的成本，包括采集、存储和处理数据的费用。这对于小型组织和研究者来说可能是一个问题。

4. 数据准确性问题

数据准确性问题包括以下方面。

错误数据：错误数据可能是因为采集、输入或传输过程中的错误。这些错误可能是无意的，也可能是恶意的。

不完整数据：不完整数据是缺少某些信息的数据。例如，一份报告可能缺少特定时间段的数据。

不一致数据：不一致数据是指数据之间存在矛盾或冲突。例如，两个数据源提供的相同指标可能有不同的值。

过时数据：过时数据可能导致不准确性，因为事物可能随时间而变化。使用过时数据做出决策可能导致不适当的结果。

5. 解决数据获取和准确性问题

数据采集标准：制定数据采集标准和最佳实践，以确保数据的一致性和可比性。这包括定义数据元素、采集频率、数据格式等方面的规范，以减少不同数据源之间的差异。

数据验证和清洗：在数据采集之后，进行数据验证和清洗是至关重要的步骤。通过使用自动化工具和算法，可以检测和纠正数据中的错误、缺失和不一致性，提高数据质量。

隐私保护：对于涉及个人信息的数据，采取强有力的隐私保护措施是必要的。这包括匿名化、脱敏和加密等手段，以保护个人隐私，同时允许数据的有效使用。

多源数据集成：结合多个数据源可以提高数据的全面性和多样性。然而，需要注意确保这些数据源之间的一致性，避免因数据不匹配而引起的问题。

实时数据更新：对于需要及时反馈的应用，实时数据更新是关键。采用实时数据流处理技术，确保系统中的数据是最新的，有助于更准确地反映当前情况。

教育和培训：对于从事数据采集和处理的人员，提供培训和教育是至关重要的。他们需要了解数据质量的重要性，以及如何有效地进行数据验证和清洗。

监管和合规：制定并遵守相关的数据采集和处理法规是不可或缺的。监管机构的参与可以推动组织更加关注数据质量和隐私保护。

技术创新：利用最新的技术创新，如人工智能、机器学习和区块链等，以提高数据采集和准确性的效率和精度。这些技术可以用于自动化数据清洗、检测异常，以及提高数据分析的准确性。

数据获取和准确性问题是当前信息时代面临的重大挑战之一。解决这些问题需要综合的方法，包括规范数据采集、验证和清洗、隐私保护、多源数

据集成、实时数据更新、教育和培训、监管和合规，以及技术创新等方面。只有通过这些努力，才能确保数据的质量，使其成为可靠的支持决策和推动社会发展的工具。在未来，随着技术的不断发展，可以期待更多创新的解决方案，以更好地应对数据获取和准确性的挑战。

（二）复杂性和项目规模问题

复杂性和项目规模问题是项目管理中常见的挑战，尤其是在大型和复杂项目中。这两个问题密切相关，因为项目的规模增大通常会引入更多的复杂性。在面对这些问题时，项目管理团队需要采取有效的策略来规避风险、提高效率，并确保项目成功完成。以下是关于复杂性和项目规模问题的一些深入探讨。

1. 复杂性问题

多方利益相关者：复杂项目通常涉及多方利益相关者，包括不同的团队、部门、供应商和客户。管理这些利益相关者的期望和需求是一个复杂的任务。

任务依赖性：复杂项目中的任务通常存在多层次的依赖关系。如果一个任务延误，可能会对整个项目产生连锁反应。

技术挑战：复杂项目可能涉及新技术、复杂的技术架构或集成多个技术系统，这可能引入技术上的不确定性和挑战。

不断变化的需求：在复杂项目中，需求往往会在项目周期内发生变化。这可能源于客户需求的变化、市场变化或者对项目目标更好理解的结果。

风险管理：由于复杂性，风险管理变得尤为关键。未能妥善管理风险可能导致项目失败。

2. 项目规模问题

大规模团队协调：在大型项目中，涉及的团队规模庞大，团队之间的协调和沟通变得更加困难。信息流失和误解的风险也会随着团队规模的增加而增大。

资源管理：大规模项目需要有效地管理各种资源，包括人力资源、物质资源和财务资源。这可能需要高度的规划和协调。

时间管理：大型项目的时间管理是一个挑战，因为更多的任务和复杂性意味着更多的时间风险。项目管理团队必须设法提前发现和处理潜在的时间延误。

成本管理：大型项目通常伴随着更高的成本。规模越大，成本估算和管理就变得更加复杂，容易超出预算。

复杂的交付链路：在大型项目中，涉及的交付物和交付链路可能非常庞大，需要有效的协调和监控。

应对策略

分阶段规划：将项目分解成较小的可管理阶段，每个阶段都有明确定义的目标和交付物。这有助于降低整体复杂性和提高可控性。

灵活性和迭代：采用敏捷或迭代的项目管理方法，使项目能够更灵活地应对变化和适应不断发展的需求。

强调沟通和协作：在复杂项目中，良好的沟通和协作至关重要。定期的会议、协作工具的使用，以及明确的沟通计划都可以帮助确保信息流畅。

风险管理：制定并实施有效的风险管理计划，包括对潜在风险的早期识别和采取相应的缓解措施。

利益相关者管理：主动管理项目利益相关者的期望和需求，确保他们对项目目标和进展有清晰的理解。

使用项目管理工具：利用先进的项目管理工具和技术，如项目管理软件、数据分析工具等，以提高规模和复杂项目的管理效率。

培训和发展团队：为团队提供培训，使其具备应对复杂性和规模挑战的技能和知识。

制定清晰的项目目标和指标：明确定义项目的目标和成功标准，以便整个团队理解项目的方向和期望。

综合而言，项目规模和复杂性问题是项目管理中的常见挑战，但通过采取适当的策略和方法，项目管理团队可以更有效地应对这些挑战，确保项目

的成功交付。

（三）多利益相关者的差异问题

在项目管理中，多利益相关者的差异问题是一种常见的挑战。项目中的利益相关者可能具有不同的期望、需求、利益和影响力，因此，管理这些多样性的利益相关者，确保满足各方的期望，是确保项目成功的关键因素。

1. 利益相关者的差异类型

利益相关者的种类：利益相关者可能包括内部和外部的人员，如项目团队成员、高级管理层、客户、供应商、政府机构等。每个类型的利益相关者可能有不同的需求和关注点。

利益相关者的角色：利益相关者在项目中可能扮演不同的角色，如决策者、执行者、资源提供者等。这些角色的不同可能导致他们对项目产生不同的期望。

2. 利益相关者的差异性质

利益相关者的利益：利益相关者可能有不同的利益，包括经济利益、社会责任、声誉等。这些利益可能相互冲突，需要在项目中找到平衡点。

利益相关者的期望：利益相关者对项目可能有不同的期望，这包括项目交付的质量、时间表、成本、风险等方面的期望。解决方案对一个利益相关者可能是满意的，但对另一个利益相关者可能是不足够的。

3. 解决多利益相关者差异的策略

制定明确的沟通计划：发展一个明确的沟通计划，确保与所有利益相关者之间建立开放、透明和有效的沟通。不同的利益相关者可能需要不同类型和频率的沟通。

制定和管理期望：通过明确的项目目标和预期结果，帮助利益相关者理解项目的范围、目标和可交付成果。同时，及时调整并管理期望，以确保项目进展符合实际情况。

制定有效的利益相关者参与计划：鼓励和促进利益相关者的参与，确保他们在项目中的角色和期望被充分考虑。例如，可以设立利益相关者工作组、定期召开利益相关者会议。

利益相关者分析：进行全面的利益相关者分析，了解每个利益相关者的需求、优先级和影响力。这有助于制定有针对性的管理策略。

利益相关者冲突解决：当不同利益相关者之间存在冲突时，采取积极的冲突解决策略，例如通过中立的调解、妥协或寻求共同的解决方案。

4. 利益相关者的变化管理

及时适应变化：利益相关者的需求和期望可能随项目的发展而变化。项目管理团队应该具备灵活性，能够及时适应这些变化。

定期评估和调整：定期评估利益相关者的需求和期望，并根据评估结果调整项目管理计划。这有助于确保项目始终符合各方的期望。

在项目管理中，理解和管理多利益相关者的差异性是确保项目成功的重要一环。通过制定清晰的沟通计划、管理期望、利益相关者参与计划、利益相关者分析，以及变化管理策略，项目管理团队可以更好地应对不同利益相关者之间的差异，确保项目顺利达成目标。

（四）局限于项目初期问题

在项目的初期阶段，对项目进行全面、系统的规划是至关重要的，因为这将直接影响到项目的整体成功和顺利进行。以下是一系列关键问题，涵盖了项目规划的不同方面，有助于在项目启动时明晰目标、资源、风险等重要因素。

1. 项目目标和范围

在项目的初期，明确项目的目标和范围是至关重要的。这涉及对项目的整体愿景有清晰的认识，以及定义项目的具体边界和功能。

项目目标

项目的核心目标是什么？这应该是一个简明扼要的陈述，能够激励和引导整个团队。

如何确保项目目标与组织的战略目标保持一致？

项目范围

项目的具体功能和特性是什么？

是否存在任何限制，例如预算、时间或资源的限制？

2. 关键干系人管理

在项目初期，理解和管理项目的关键干系人是确保项目成功的关键一步。

利益相关方识别

谁是项目的主要利益相关方？这包括内部和外部的利益相关方。

利益相关方有哪些不同的期望和需求？

期望管理

如何管理和满足不同利益相关方的期望？

是否需要建立定期的沟通渠道，以保持他们对项目的了解？

3. 项目计划和团队组建

项目计划

项目的时间表是什么样的？是否存在任何紧急的截止日期或关键的里程碑？

是否有项目计划和任务分配的工具？

团队组建

项目需要哪些技能和专业知识？

如何确保招募到具有适当技能和经验的团队成员？

4. 资源分配和风险评估

资源分配

项目的预算是多少？这包括硬件、软件、培训等方面。

如何确保资源的有效使用？

风险评估

有哪些可能的风险？

如何制定风险缓解和管理计划？

5. 质量标准和沟通计划

质量标准

项目的交付物需要符合什么质量标准？

如何进行质量控制和保证？

沟通计划

如何确保团队内外的有效沟通？

是否有定期的进度报告和沟通机制？

6. 监控和评估，法律和合规性

监控和评估

如何监测项目的进展？

是否有定期的评估和反馈机制？

法律和合规性

项目是否符合相关法规和合规性要求？

是否有法律顾问或专业人士参与确保合规性？

7. 变更管理和培训支持

变更管理

如何处理项目范围的变更请求？

是否有变更控制流程？

培训和支持

是否需要对团队进行培训？

项目交付后需要提供什么样的支持？

8. 技术选型和可持续性

技术选型

项目需要使用哪些技术和工具？

这些技术和工具是否符合团队的能力和经验？

可持续性和维护

项目完成后，如何确保系统的可持续性和维护性？

是否有计划进行知识转移？

在解决这些问题的过程中，项目团队可以建立一个坚实的基础，以便在项目的后续阶段更好地应对挑战。这一初期规划将有助于确保项目按时、按预算、按质量完成，并最大化干系人的满意度。

（五）不足以应对复杂关系问题

在当今世界，人际关系、国际关系、经济关系等层出不穷，然而，现有的应对手段和方法显然不足以完全解决这些问题。

复杂关系问题的本质是多层次、多方面的，而目前的解决方法往往偏向单一角度。以人际关系为例，通常采用沟通、妥协等方式，但这些方法未必能够应对更为深层次、纷繁复杂的人际矛盾。在国际关系中，政治手段、经济制裁等被广泛采用，但在一些复杂的地缘政治局势下，这些方法可能显得力不从心。因此，需要在面对不同层次关系问题时，考虑更为全面的应对策略。

信息爆炸和技术发展使得关系问题变得更加庞大而烦琐。社交媒体、大数据分析等技术的广泛运用使得关系网络更加庞大，其中蕴含的信息更为繁杂。这使得在处理关系问题时，需要更加高效、智能的手段。然而，目前的技术并不总能完全胜任这一任务，因此需要在技术的创新和应用上下更大功夫。

文化、价值观的差异也是复杂关系问题的一大挑战。在全球化的今天，不同国家、不同社群之间的文化差异和价值观冲突日益显著。这使得在处理国际关系、企业合作等方面时，需要更加敏感和理解多元文化，而传统的处理方式未必能够充分考虑到这一点。

在应对这些挑战的同时，需要更加注重培养解决问题的综合能力。这包括但不限于系统思维、跨学科知识的整合、创新能力等。需要摒弃过去简单粗暴的处理方式，转而采用更为智能、综合的策略。

在技术层面，人工智能和大数据分析等技术的发展为解决复杂关系问题提供了新的可能性。通过深度学习和模型训练，可以更好地理解复杂关系中的模式和规律，提高问题的预测和应对能力。同时，信息技术的应用也可以加速信息的传递和处理，使得能够更加迅速、全面地了解关系网络中的各种信息。

在教育层面，需要培养学生的系统思维和创新意识。传统的教育往往强调专业知识的传授，但在面对复杂关系问题时，更需要的是能够跨足多个领域、善于整合资源的人才。因此，教育体系需要更加注重培养学生的综合素质，让他们具备更强的解决问题的能力。

政府、企业和社会各方需要共同努力，形成协同合作的机制。复杂关系问题涉及众多利益相关方，需要各方共同参与，形成合力。政府可以通过政策制定和资源调配，提供制度保障；企业可以通过技术创新和社会责任的履行，发挥更大的作用；社会组织和个人也应积极参与，形成多方合作的格局。

在总体上，解决复杂关系问题需要在认识问题的复杂性的同时，采用更为全面、智能的策略。这既需要技术手段的创新，也需要教育体系的变革，更需要各方的共同合作。只有这样，才能更好地应对当今世界复杂关系问题的挑战。

（六）创新性不足问题

在当今飞速发展的社会背景下，创新已经成为推动科技、经济和社会发展的关键动力。然而，也面临着一个严峻的问题：创新性不足。这一问题涉及科研、企业管理、教育等多个领域，对于解决当代社会面临的诸多挑战至关重要。

1. 创新环境不足

创新需要一个良好的生态系统，包括科研机构、企业、政府和社会的合作。但在一些地区或领域，创新环境可能不够友好，缺乏资源共享、信息流通和合作机会。这使得创新的种子难以生根发芽。为了解决这一问题，需要加强各方之间的沟通，建立更加开放和包容的创新生态系统，激发创新的动力。

2. 教育体系的制约

传统的教育体系往往过于注重知识传授，而忽略了培养学生的创新能力和思维方式。学生在课堂上接触到的往往是既定的知识框架，缺乏面对未知问题的能力。为了培养更具创新性的人才，教育体系需要更加注重培养学生的探索精神、问题解决能力和团队协作技能。

3. 风险厌恶与失败恐惧

在创新过程中，失败是不可避免的一部分，但一些机构和个人对失败的恐惧可能成为创新性不足的阻碍。为了鼓励创新，需要创造一个鼓励尝试、接受失败的文化。这可能包括为创新项目提供更大的容错空间，以及认可尝试过程中的经验积累。

4. 缺乏多元化的思维

创新需要多元化的思维，不同背景、不同领域的交叉融合可以产生更为丰富的创新成果。如果一个团队或组织缺乏多元性，创新性很可能会受到限制。在这方面，需要鼓励跨学科研究、促进不同领域之间的合作，以激发更广泛的创新思维。

5. 技术发展滞后

有时候，技术水平的滞后也可能成为创新性不足的原因。缺乏先进的技术工具和平台可能限制了创新的可能性。在这方面，政府和企业可以投资于技术研发，提供更好的技术基础设施，以推动创新的发展。

6. 缺乏激励机制

缺乏有效的激励机制可能使得人们缺乏投入创新的积极性。在科研领域，科研人员可能受到发表论文数量的压力，而忽略了实质性的创新。在企业中，对于创新的投入可能不被充分认可。为了解决这一问题，需要建立更为合理的激励机制，鼓励真正有价值的创新。

7. 短期主义的制约

一些企业和政府机构受短期利益追求的制约，往往难以长期投入和支持创新项目。为了解决这一问题，需要更加注重长期规划，设立长期的创新目标，建立起长效的支持机制。

综上所述，解决创新性不足的问题需要从多个层面入手，包括改善创新环境、创新教育、鼓励创新文化、多元化思维等。只有通过系统性的改革和全面的创新策略，才能够充分释放创新潜能，迎接未来社会的各种挑战。

（七）团队培训和理解问题

随着企业和组织面临越来越复杂的挑战，团队的培训和对问题的深刻理解成为推动创新、提高绩效的关键要素。

1. 团队培训

团队培训是提升整体团队绩效的有效手段。培训可以涵盖专业技能、团队协作、沟通技巧等多个方面，从而提高团队的整体素质。通过有针对性的培训，团队成员可以更好地应对各种挑战，形成更紧密的协作关系。

2. 跨学科培训

问题往往是多层次、多领域的，因此，培养团队成员具备跨学科的知识和技能显得尤为重要。跨学科培训可以拓展团队成员的思维边界，让他们能够更全面地理解问题。这样的培训有助于促使团队形成更为创新的解决方案。

3. 问题导向的培训

培训应当贴近实际问题，围绕团队所面临的具体挑战展开。问题导向的培训能够激发团队成员的学习兴趣，使他们更关注实际问题的解决。通过与实际问题相结合的培训，团队能够更直观地理解问题的本质，并更高效地提出解决方案。

4. 沟通与协作技能培训

团队的成功离不开成员之间的有效沟通和协作。因此，培训中应注重沟通和协作技能的培养。这包括团队成员之间的有效信息共享、有效的会议沟通、冲突管理等方面的技能培训。通过提升这些技能，团队能够更好地协同工作，理解问题的角度更为全面。

5. 实践性培训

理论知识的学习固然重要，但更关键的是将其转化为实际行动的能力。实践性培训可以通过模拟情境、实际项目等方式提供更贴近实际工作的体验，使团队成员在真实环境中运用所学知识，更好地理解问题的实质。

6. 创新思维培训

培养团队成员的创新思维对于理解问题和提出独特解决方案至关重要。创新思维培训可以包括激发创造力、鼓励独立思考、接受多样观点等方面的内容，使团队在面对问题时更富有创意和前瞻性。

7. 评估和反馈机制

团队培训的效果需要不断评估和调整。建立有效的评估和反馈机制，可以及时发现团队在理解问题和应对挑战方面的不足之处，为培训提供有针对性的改进意见。

团队培训是激发团队创新能力、提高问题理解水平的有效途径。通过多维度、全方位的培训方式，团队能够更好地理解问题的本质，形成共创卓越解决方案的能力。在不断变化的环境中，持续的团队培训将成为组织成功的关键因素。

（八）实施成本问题

在项目规划和执行的过程中，实施成本一直是企业和组织关注的焦点之一。无论是新产品的研发、市场推广还是信息技术系统的部署，实施成本的高低都直接关系到项目的可行性和最终的成功。

实施成本问题是项目管理中不可忽视的关键因素之一。在项目规划阶段，需要综合考虑项目规模、技术复杂度、人员素质等多方面因素，制订合理的实施成本计划。同时，在项目执行过程中，及时调整计划，灵活应对变化，采用有效的管理策略，可以最大程度地降低实施成本的风险。最后，通过成本效益分析，确保项目投资是经济合理的，为项目的成功提供坚实的保障。

（九）沟通与合作问题

在当今复杂多变的社会环境中，沟通与合作已经成为组织和团队取得成功的关键因素之一。无论是在工作场所、学术界还是社会生活中，有效沟通和紧密合作都是实现共同目标的基础。本书将探讨沟通与合作的重要性，分析可能出现的问题，并提出解决方案，以帮助个人和团队更好地应对挑战，达到更高的绩效水平。

在当今竞争激烈的环境中，沟通与合作的重要性不可忽略，它们直接影响着个人、组织和团队的绩效和成功。通过建立良好的沟通文化、明确团队目标和角色分工、培养团队精神和共同价值观，以及解决冲突等方法，可以有效应对沟通与合作中可能出现的问题。

有效的沟通和紧密的合作是相辅相成的，二者共同构建了一个强大的工作团队。当团队成员能够自由交流、理解彼此，同时共同追求共同目标时，团队将更有可能取得显著的成就。然而，这需要团队成员具备一系列沟通技能，包括表达能力、倾听技巧，以及处理冲突的能力。

在沟通与合作中，关键的一点是要认识到每个个体都是团队成功的一部分。每个成员都有独特的贡献和技能，因此尊重和理解是建立在团队基石上的关键元素。通过分享知识、经验和资源，团队可以更好地应对变化和挑战，达到更高的创造力和绩效水平。

领导者在沟通与合作的过程中发挥着至关重要的作用。领导者应该成为团队的榜样，促进开放、透明的沟通，鼓励团队合作。此外，他们还应该及时解决团队内的问题，确保每个成员都感到被重视和支持。

在全球化和科技发展的时代，跨越地域和文化的团队合作变得越来越普遍。因此，培养跨文化沟通和全球团队协作的能力变得至关重要。这包括理解不同文化间的沟通差异、尊重多样性，以及培养解决跨文化冲突的技能。

总体而言，建立良好的沟通与合作是一个长期的过程，需要团队成员的共同努力。通过不断改进沟通技能、增强合作精神，团队可以更好地适应环

境的变化，实现共同目标。在这个过程中，关键的是保持开放的心态，愿意学习和适应，以共同努力推动团队朝着成功的方向前进。

（十）文化差异问题

在全球化的时代，团队合作不再受限于地域，不同文化的团队成员协同工作已成为常态。然而，文化差异可能带来一系列的挑战，影响团队的沟通、合作和绩效。

1. 文化差异的挑战

（1）语言和沟通风格

语言差异可能导致理解上的困难。即便使用共同的语言，沟通风格、隐含意义的表达方式也可能因文化不同而产生误解。

解决方案：采用清晰、直接的语言表达，避免使用过于复杂或地方性的语言。建立一个开放的沟通氛围，鼓励成员提问以澄清任何可能的误解。

（2）不同的工作习惯和时间观念

不同文化可能对时间和工作习惯有不同的看法。一些文化注重准时和高效，而另一些可能更注重人际关系和弹性的工作时间。

解决方案：制定清晰的工作计划和时间表，明确工作期望。灵活性是关键，尊重并接纳不同文化对时间和工作的理解。

（3）决策风格和权力距离

一些文化可能更趋向于集体决策，而另一些则更注重个体的决策权。权力距离也可能在不同文化中有所不同。

解决方案：明确决策流程，确保所有团队成员了解决策的过程，并鼓励积极参与。领导者可以采用更开放的管理风格，以降低权力距离感。

（4）人际关系和团队凝聚力

一些文化更注重建立深厚的人际关系，而另一些可能更注重事务本身。这可能影响团队的凝聚力和合作效果。

解决方案：团队建设活动、社交时间和定期的团队会议可以有助于增进成员之间的相互了解，促进团队凝聚。

2. 文化差异的解决方案

（1）跨文化培训

为团队成员提供跨文化培训，使其了解不同文化的工作风格、价值观和沟通方式。这有助于减少误解和冲突。

（2）多元文化团队的领导力

领导者应具备跨文化领导力，能够理解并尊重不同文化的差异。他们应该推动文化多样性的积极影响，鼓励团队成员分享其文化背景，以促进相互理解。

（3）共同的团队文化

团队可以共同建立一种“超文化”，融合各种文化元素并制定共同的团队价值观。这有助于形成一个共同的身份感，促进更紧密的合作。

（4）及时解决文化冲突

一旦出现文化冲突，要及时解决。领导者可以采用开放的对话方式，促使团队成员分享彼此的感受，寻找共同的解决方案。

（5）制定清晰的沟通准则

为团队制定明确的沟通准则，规定语言使用、会议礼仪等，以确保沟通畅通、清晰。

在全球化的背景下，文化差异已经成为团队合作中不可避免的挑战。然而，通过跨文化培训、领导力的发挥、建立共同的团队文化，以及及时解决冲突等措施，团队可以更好地应对文化差异，实现协同工作的成功。文化差异并不是团队合作的障碍，而是一个激发创新和不同观点的机会。通过善于处理文化多样性，团队将能够更好地适应多元化的工作环境，取得更大的成功。

（十一）缺乏实际应用经验问题

缺乏实际应用经验是许多人在职业发展中面临的普遍问题。这一挑战可

能阻碍个人的职业前景，限制其在特定领域的发展。本书将探讨缺乏实际应用经验的问题，并提供一些建议，帮助个人克服这一挑战，实现职业目标。

实际应用经验在职业发展中扮演着至关重要的角色。它不仅使个人更有竞争力，还有助于将理论知识转化为实际解决问题的能力。然而，许多人在刚刚进入职场或转换领域时可能面临缺乏实际应用经验的问题。

1. 缺乏实际应用经验的原因

（1）学校教育的局限性

在许多情况下，学校教育强调理论知识，但在真实世界的应用方面存在一定的局限性。学生可能掌握了理论框架，却缺乏将其转化为实际技能的机会。

（2）缺乏实习和实践机会

一些行业对实际经验有着较高的要求，但学生或刚刚进入职场的人可能面临找不到或得不到合适实习和实践机会的问题。这限制了他们在实际工作中的经验积累。

（3）技术变革的挑战

某些领域的迅速技术变革可能导致从业者难以跟上，从而使得他们的经验相对滞后。这种情况下，即便具有一定理论知识，也可能难以适应实际工作的需求。

2. 缺乏实际应用经验的影响

（1）就业竞争力下降

在许多行业中，雇主更倾向于招聘那些具有实际经验的候选人。因此，缺乏实际应用经验的个人可能在求职过程中面临竞争力下降的问题。

（2）职业发展受限

在职业生涯的早期阶段，缺乏实际应用经验可能导致个人的职业发展受到限制。升迁和晋升通常需要在实际工作中表现出色，而非仅依靠理论知识。

3. 克服缺乏实际应用经验的策略

（1）主动寻找实践机会

个人可以通过主动寻找实践机会来积累实际经验。这可能包括参与志愿活动、实习、项目合作等，从而在真实的工作环境中应用所学知识。

（2）持续学习和更新知识

通过不断学习新知识和跟踪行业的发展趋势，个人可以保持对实际应用的适应性。这样，即便原有的知识相对滞后，通过不断更新，也能更好地应对职场挑战。

（3）寻求 mentor 的帮助

找到一位经验丰富的 mentor，可以为个人提供宝贵的实践建议和指导。mentor 可以分享他们的职业经验，帮助个人更好地理解和应对实际工作中的问题。

（4）制订明确的职业发展计划

制订明确的职业发展计划有助于个人更好地了解自己的目标，并采取有针对性的步骤。这可能包括参与培训课程、工作坊，以及积极参与行业相关的社群。

缺乏实际应用经验是一个可以通过积极的努力和策略性的方法来克服的挑战。通过主动寻找实践机会、持续学习、寻求 mentor 的指导等方式，个人可以逐渐积累实际经验，提升自己在职场的竞争力，实现职业目标。在这个竞争激烈的职场中，不断努力提升自己的实际应用能力将是个人职业成功的关键。

（十二）维护和更新问题

QFD 是一种质量管理工具，旨在将顾客需求转化为产品或服务的设计特性。QFD 是一种系统性的方法，通过在产品或服务的不同阶段引入各方面的质量标准，以确保最终产品或服务能够满足客户的期望。然而，QFD 的有效性取决于其维护和更新的程度。

QFD 的维护问题涉及到信息的时效性。随着时间的推移，市场趋势、技术发展和客户需求可能会发生变化。如果 QFD 不及时更新以反映这些变化，就有可能导致产品或服务不再符合市场需求。解决这个问题的一种方法

是建立一个定期的 QFD 审查机制，确保团队定期审查并更新顾客需求和产品设计特性。

QFD 的更新问题还涉及到团队成员的参与度。如果团队成员对 QFD 的价值和重要性缺乏认识，可能会导致更新过程的拖延或不充分。为了解决这个问题，组织可以通过培训和教育来提高团队成员的 QFD 意识，并激励他们积极参与到 QFD 的维护和更新中。

另一个可能的问题是 QFD 文档的管理。QFD 涉及大量的数据和信息，包括顾客需求、产品设计特性和相关关系矩阵等。如果这些文档没有得到妥善管理，可能导致信息丢失或混乱。解决这个问题的方法之一是使用专业的 QFD 软件来管理和更新这些文档，以确保数据的一致性和可追溯性。

QFD 维护和更新过程中的另一个挑战是团队沟通的有效性。QFD 通常涉及多个部门和团队的合作，如果沟通不畅，就有可能导致信息传递不准确或遗漏。为了解决这个问题，可以采用跨部门的协同工作平台，促进团队之间的及时沟通和信息共享。

QFD 的更新还需要考虑到与供应链的协同。如果产品涉及多个供应商，他们的参与和理解也是非常重要的。在 QFD 的更新过程中，必须确保与供应商之间的有效沟通，以便他们能够理解和满足产品设计的要求。

QFD 维护和更新问题还需要考虑法规和标准的变化。随着时间的推移，相关的法规和标准可能会发生变化，产品或服务必须符合这些变化。因此，在 QFD 的维护过程中，必须及时了解并更新与法规和标准相关的信息，以确保产品或服务的合规性。

总的来说，QFD 的维护和更新是确保产品或服务持续满足客户需求的关键步骤。通过建立定期审查机制、提高团队成员的 QFD 意识、使用专业的软件来管理文档、加强团队沟通、与供应链协同，并及时了解法规和标准的变化，可以有效解决 QFD 维护和更新过程中可能出现的问题。这样，组织就能够保持对市场的敏感性，不断优化产品或服务，提高竞争力。

在实际应用中，QFD 可能面临一系列的问题和挑战，涉及数据获取、复杂性、多利益相关者差异、项目变化等方面。然而，通过合理的解决策略，团队可以有效克服这些问题，提高 QFD 的实际应用效果。重要的是，团队在应用 QFD 之前应该认真评估项目的需求和情境，选择合适的 QFD 方法，并在实践中不断总结经验，以进一步优化 QFD 的应用。只有在持续改进和适应的基础上，QFD 才能在实际项目中充分发挥其优势，促进产品和服务的质量提升。

第二节　行业发展趋势与新挑战

一、建筑行业的发展方向

建筑行业作为一个多元化、复杂的领域，受到科技、社会、经济等多方面因素的影响。随着社会的不断发展和技术的迅速进步，建筑行业也在不断演变。

（一）可持续性与绿色建筑

可持续性和绿色建筑是当今建筑领域中备受关注的重要主题。这两个概念强调在建筑和设计过程中采用环保、资源节约和社会责任的原则，以确保建筑在整个生命周期内对环境的影响最小化。以下是关于可持续性与绿色建筑的一些关键方面。

1. 可持续性的要素

资源利用效率：可持续建筑注重有效利用资源，包括能源、水资源和原材料。这包括采用高效能源系统、水循环利用系统和可持续建材。

生态系统保护：可持续建筑考虑周围生态系统的影响，力求最小化对生态环境的干扰。这可能包括保留自然景观、采用本地植被和采用生态友好型设计。

室内环境质量：可持续建筑追求提供良好的室内环境，包括空气质量、采光和舒适度。使用环保的建材和低挥发性有机化合物有助于创造更健康的室内环境。

社会责任：可持续建筑不仅关注环境，还关注社会。这包括对建筑使用者的关怀，推动社会公正，以及在建设和运营阶段创造就业机会。

生命周期分析：可持续建筑考虑整个建筑的生命周期，包括设计、建造、运营和拆除。这有助于综合考虑建筑对环境和社会的综合影响。

2. 绿色建筑的要素

能源效率：绿色建筑采用能源效率高的系统，包括太阳能、风能和其他可再生能源。这有助于减少对传统能源的依赖，降低温室气体排放。

水资源管理：绿色建筑通过采用低流量设备、雨水收集系统等手段来实现水资源的高效利用。这有助于缓解水资源短缺问题。

材料选择：绿色建筑选择使用可再生、回收或可降解的建筑材料，减少对有限资源的消耗，同时降低废弃物的生成。

智能设计：利用智能设计和技术，绿色建筑能够实现自动化的能源管理、优化采光和通风，从而提高建筑的整体效能。

认证体系：一些国际认证体系，如LEED，为绿色建筑提供了一套标准和评估方法，帮助建筑业者和使用者更好地理解和实现绿色建筑的目标。

3. 两者的关系

可持续建筑是一个更广泛的概念，绿色建筑则是可持续建筑的一部分。绿色建筑通常专注于具体的环保实践，而可持续建筑则更注重在设计、建造和运营的全过程中实现经济、社会和环境的平衡。

总体而言，可持续性与绿色建筑反映了一个全球关切的趋势，即通过可持续的设计和建筑实践，为未来创造更健康、更环保的社会。这需要建筑师、设计师、政府和企业共同努力，采用创新的技术和理念，以推动建筑行业的可持续发展。

（二）BIM

BIM 是现代建筑领域中两个密切相关的概念，它们共同推动着建筑行业的发展。以下是有关数字化和 BIM 的关键方面以及它们之间的联系。

1. 数字化的要素

数字化转型：数字化是指将传统的建筑和设计过程转变为数字形式。这包括使用数字技术和工具来取代或增强传统的纸质文档和手工流程。

虚拟设计：数字化使建筑行业能够通过虚拟设计工具创建和模拟建筑结构，从而在设计阶段就能够识别和解决问题，减少后期修改的成本。

数据驱动决策：数字化使得更多的数据可用，建筑专业人员可以基于这些数据做出更为明智的决策。这包括从历史项目中学到的经验教训，以及现场传感器收集到的实时数据。

协同工作：数字化工具使建筑团队能够实现更好的协同工作，不论团队成员的地理位置。通过共享数字信息，设计师、工程师和其他利益相关者可以更有效地协同工作。

2. BIM 的要素

三维建模：BIM 使用三维模型来表示建筑结构，这不仅是图纸的数字版本，而是一个包含了建筑的几何、空间关系和属性信息的数字模型。

数据集成：BIM 不仅仅关注建筑的几何形状，还包括了建筑元素的属性信息，例如，材料、成本、施工序列。这种数据集成使得 BIM 成为一个全面的建筑信息资源。

协同设计：BIM 的一个重要特征是它支持协同设计。多个团队成员可以同时在 BIM 中工作，而不会产生冲突或信息丢失，从而提高设计和施工的效率。

生命周期管理：BIM 不仅在设计和建造阶段有用，还在建筑的整个生命周期中发挥作用。它提供了一个集成的平台，支持运营、维护和最终的拆除阶段。

3. 数字化与 BIM 的联系

数字建模：BIM 是数字化的一部分，它利用数字建模的原理来创造详细的建筑模型。这些数字模型可以在整个建筑生命周期中使用，从设计和施工到运营和维护。

实时数据：数字化使得实时数据的收集和使用成为可能，而 BIM 可以成为这些数据的存储和管理平台。实时数据有助于及时发现问题、进行决策和提高整体效率。

协同工作：数字化和 BIM 都促进了协同工作的概念。数字化工具和 BIM 平台可以让多个团队成员远程协同工作，确保信息的实时共享和协同设计的实现。

智能城市：数字化和 BIM 的结合也为智能城市的发展提供了支持。通过数字建模和实时数据，城市规划者可以更好地理解城市的运行情况，做出更有效的规划和决策。

在数字时代，数字化和 BIM 已经成为建筑领域不可或缺的工具，它们的结合为建筑项目的设计、建造和管理带来了全新的方式和可能性。这不仅提高了效率和精确度，还有助于可持续发展、资源管理和更好的利益相关者协同。

（三）创新技术的应用

3D 打印技术：未来建筑可能会更多地采用 3D 打印技术，实现建筑结构的个性化和高效建造。这不仅可以降低建筑成本，还能够减少建筑垃圾的产生。

人工智能（AI）：AI 在建筑设计、规划和管理中的应用将更为广泛。通过深度学习算法，AI 可以从大量数据中提取模式，为设计过程提供更精准的指导。

虚拟现实（VR）与增强现实（AR）：VR 和 AR 将在建筑设计和展示中扮演重要角色。设计师和客户可以通过虚拟现实沉浸式体验，更直观地了解建筑设计方案。

（四）灵活的建筑设计理念

灵活的建筑设计理念是一种能够适应多变需求和不断演变环境的设计方法。这一理念的核心在于创造空间和结构，使其能够灵活地满足不同的功能、使用和美学需求。以下是一些体现灵活建筑设计理念的关键要素。

可变空间布局：灵活的建筑设计强调空间的可变性，通过可移动的隔断、折叠墙壁或可调整的家具，使空间布局能够适应不同的需求，既可以是开放的大空间，也可以是分隔的小区域。

多功能性设计：灵活建筑追求多功能性，一个区域可以灵活转变为办公空间、休闲区域或其他用途。这要求设计师在规划时充分考虑到各种可能的使用场景。

可持续性和适应性：灵活建筑设计应注重可持续性，使建筑能够适应未来的变化和技术的更新。使用可再生材料、可拆卸构件和智能系统，以便未来的升级和改进。

技术整合：利用先进的科技，如智能家居系统、自动化控制等，使建筑能够智能化、自适应。这有助于提高建筑的效能和能耗效率。

社交和互动空间：融入社交和互动元素，创造出共享的空间，促进人们之间的交流和合作。这有助于建立更加灵活和开放的社区。

自然光和通风：设计要充分考虑自然光线和通风，以提高舒适度和能源效益。大窗户、天窗和通风系统是实现这一目标的关键设计元素。

总的来说，灵活的建筑设计理念强调的是建筑的适应性和可变性，使其能够与不断变化的需求和环境相容。这样的设计方法有助于创造更加可持续、宜居和具有创新性的建筑空间。

（五）全球化视野与文化融合

全球化视野与文化融合是在当今社会中愈发重要的概念，它们代表了人

们在全球范围内相互联系和相互影响的趋势。以下是关于这两个概念的一些观点。

1. 全球化视野

跨足国界的交流：全球化视野鼓励人们超越国界，关注全球问题，认识到经济、政治、文化等方面的紧密联系。

信息和科技的贡献：全球化视野得以推动，部分得益于信息技术和通信的飞速发展，使得人们能够实时获取世界各地的信息，拓宽视野。

全球经济互动：企业、贸易和金融在全球范围内更加相互依存，形成了一个紧密的全球经济体系。

全球挑战的共同应对：问题如气候变化、流行病、贫困等，需要全球协作来解决，强调全球公民责任感。

2. 文化融合

文化互动：全球化促使不同文化之间的互动，这种交流能够促进共同理解、尊重和包容，从而形成文化融合的基础。

文化混合与创新：文化融合使得各种元素相互渗透，促进了新的思想、艺术和创新的涌现。这种多元文化的交汇成为新思潮和新文化的源泉。

多元文化社会的构建：各地的移民和文化交流导致了更为多元化的社会结构，这也促使人们更加关注和尊重不同文化的存在。

语言的多样性：全球化推动着多语言的存在，人们更加需要掌握多种语言来适应跨文化的交往。

3. 综合影响

身份认同的重新构建：个体的身份认同逐渐从传统的本土文化向更为开放和多元的方向发展。

文化冲突与融合的挑战：虽然有文化融合的趋势，但也可能伴随着文化冲突。重要的是在这个过程中促进对话、理解和包容。

全球公民意识：人们逐渐形成全球公民意识，认识到个体的行为和选择对全球社会产生影响。

综合而言，全球化视野与文化融合是相辅相成的，它们共同推动了一个更加开放、多元、互联的世界。在这个过程中，平衡各种文化的权衡、尊重差异、促进和谐成为重要的挑战和目标。

（六）可视化与交互性体验

可视化与交互性体验是现代设计和技术中的两个关键概念，它们共同致力于提升用户与信息、技术、产品之间的互动和沟通。以下是这两个概念的解析。

1. 可视化

信息呈现：可视化通过图形、图表、地图等方式将抽象的信息以可理解的形式呈现，使用户能够更直观地理解和分析数据。

品牌和用户界面设计：可视化在品牌建设和用户界面设计中扮演着关键角色。色彩、图标、排版等元素被设计为引导用户在界面上获得信息并执行操作。

数据分析与决策支持：在业务和科学领域，可视化有助于数据分析和决策支持，帮助用户更好地理解趋势、模式和关联。

创意表达：艺术、设计、广告等领域运用可视化来传达创意和情感，通过图形和图像来引起观众的共鸣和注意。

2. 交互性体验

用户参与感：交互性体验侧重于用户参与感，通过用户与系统的实时互动来创造更为动态和个性化的体验。

用户界面交互设计：交互性体验在用户界面设计中强调用户友好性，通过可点击、拖放、滚动等方式，使用户更容易操作和探索。

虚拟和增强现实：在虚拟和增强现实中，交互性是关键，用户能够通过手势、语音、触摸等方式与虚拟世界进行互动。

用户反馈：系统对用户的操作提供即时反馈，增加用户对其行为的掌控感，提高用户的满意度和使用体验。

3. 可视化与交互性的融合

动态图形和图像：结合可视化和交互性，可以创造动态的图形和图像，使用户能够实时地调整、查看或分析数据。

虚拟漫游和导航：在虚拟环境中，用户可以通过交互性手段进行导航和探索，增加沉浸感和参与感。

用户定制和个性化：结合可视化和交互性，系统可以根据用户的喜好和需求，提供个性化的信息呈现和交互式功能。

教育和培训：在教育和培训领域，结合可视化和交互性，可以创造更为生动和实践的学习体验。

综合而言，可视化和交互性体验相辅相成，共同为用户提供更为丰富、直观和个性化的使用体验。在设计和技术应用中，它们的融合不仅是一种趋势，更是满足用户需求的有效手段。

（七）新材料与结构设计

新材料与结构设计是现代工程和建筑领域中至关重要的概念。它们的相互关系推动了创新和可持续性发展。以下是有关新材料和结构设计的一些关键观点。

1. 新材料

先进复合材料：先进的复合材料，如碳纤维增强聚合物和玻璃纤维增强聚合物，提供了高强度、轻质和耐腐蚀的性能，广泛应用于航空航天、汽车和建筑领域。

纳米材料：纳米技术带来的纳米材料具有独特的性能，如碳纳米管和纳米颗粒，可用于增强材料的力学性能、导电性和导热性。

智能材料：智能材料可以对外界刺激作出响应，如形状记忆合金、压电材料和光敏材料。它们在医疗、建筑和电子设备等领域有广泛应用。

可持续材料：着眼于环境可持续性，新型可持续材料包括可再生材料、生物降解材料和回收材料，有助于减少资源消耗和环境影响。

2. 结构设计

自由形状结构：先进的计算工具和仿真技术使得设计师能够创建更加复杂、自由形状的结构，如著名的扭曲建筑和曲面结构。

增强现实和虚拟现实应用：结构设计中应用增强现实和虚拟现实技术，帮助设计师更好地理解和交互结构，提高设计效率。

模块化和预制：模块化结构设计和预制建筑元素有助于提高施工效率和质量，同时减少浪费和施工时间。

透明结构：利用先进的透明材料和设计，实现建筑结构的透明性，增加建筑的光照和空间感。

3. 结合新材料与结构设计

性能优化：结合新材料和结构设计，可以实现性能的优化，如提高建筑的抗震性、减轻结构负荷和提高能效。

可持续建筑：结合可再生和环保材料与创新的结构设计，有助于打造更为可持续的建筑，减少对自然资源的依赖。

智能化结构：智能材料的引入可以使结构更加智能化，通过感应和响应来适应环境变化，提高建筑的舒适度和效能。

生物仿生设计：结合生物仿生原理，设计结构和材料，可以从自然中汲取灵感，创造更为高效、耐用和环保的解决方案。

新材料和结构设计的不断发展推动了建筑和工程领域的创新。这种结合有助于创造更为轻巧、强韧、灵活和环保的建筑和基础设施。

（八）健康与福祉建筑

健康与福祉建筑是一种注重设计、材料选择和环境配置，以促进居民身体和心理健康的建筑理念。以下是关于健康与福祉建筑的一些核心概念。

1. 设计原则

自然光与通风：设计应最大化利用自然光线，提供良好的通风，以改善室内环境品质。大窗户、采光天窗和通风系统是实现这一原则的重要设计元素。

自然元素融合：将自然元素如植物、水景、自然材料融入建筑设计，营造自然的氛围，有助于减轻压力、提高舒适感。

可变空间：提供灵活可变的空间，以满足用户不同的需求，如创造私密的休息区域或开放的社交空间。

噪声控制：采用吸音材料和设计来减少室内噪声，为居民提供宁静的环境，有助于休息和集中注意力。

可持续材料：选择环保、无害健康的建筑材料，以减少室内空气污染和过敏反应。

2. 健康技术

智能家居系统：应用智能家居技术来监测室内环境、调整照明和温度，以创造更为舒适和健康的居住环境。

健康监测设备：整合健康监测设备，帮助居民追踪健康指标，提供个性化的健康建议。

运动和活动空间：设计专门用于运动和体育活动的空间，鼓励居民积极参与体育锻炼。

3. 社会互动与心理健康

社交空间：创建社交空间，促进邻里之间的交流，有助于建立社区感和减轻孤独感。

自然景观：将户外景观融入建筑周围，提供舒缓的自然环境，有助于降低压力和提高幸福感。

心理治疗空间：在建筑中设置专门的心理治疗空间，支持心理健康服务，为需要的人提供专业的支持。

4. 可持续性与环境友好

能效设计：采用高效能的设计和技术，减少能源消耗，提高建筑的整体能效性。

水资源管理：使用节水技术和灌溉系统，降低水资源浪费。

可持续材料：强调使用可再生、可回收的建筑材料，减少对自然资源的依赖。

健康与福祉建筑的理念不仅关注建筑的外观和功能，还注重其对居民生理和心理健康的影响。这种设计方法的目标是通过创造健康、舒适和社会互动的空间，提高人们的生活质量和幸福感。

（九）建筑行业数字化落地

建筑行业数字化的落地涉及多个方面，从设计和规划到施工和运营，数字化技术都有助于提高效率、降低成本、增加创新，并改善整个建筑生命周期的管理。以下是数字化在建筑行业实现落地的一些关键方面。

1. BIM

三维建模：使用 BIM 技术进行三维建模，使得设计、施工和维护的各个阶段都能够共享一致的建筑数据。

协同设计：不同专业的设计师可以实时协同工作，减少信息传递中的误差，提高设计效率。

2. 虚拟设计与建模

虚拟现实（VR）和增强现实（AR）：利用 VR 和 AR 技术，建筑师、设计师和客户可以在虚拟空间中互动，预览建筑设计，提前发现问题。

数字化建筑模拟：利用数字模拟技术，可以在施工前模拟建筑的性能、能源利用和可持续性。

3. 数字化工程和施工

智能施工：使用传感器、机器学习和人工智能来提高施工的效率和质量，减少人为错误。

无人机和激光扫描：用于监测工地进度、检查建筑结构和进行安全检查。

4. 物联网（IoT）

智能建筑设备：将建筑内部的设备连接到物联网，实现对设备状态的远程监测和智能控制。

能源管理系统：利用 IoT 技术监测建筑的能源使用，提高能源效率。

5. 数据分析和大数据

建筑运营优化：利用大数据分析来优化建筑运营，例如预测设备维护需求、改进空间利用率。

实时决策支持：基于大数据的实时信息，支持项目管理和决策，提高建筑项目的整体效率。

6. 智能建筑管理系统

智能安全和监控：利用智能传感器和监控系统提高建筑的安全性。

智能空调和照明：自动化控制系统通过感知环境条件，调整建筑内部的温度和光照。

7. 数字化合规和监管

数字化文档管理：采用数字文档和电子签名，简化合规和监管过程。

建筑许可与审批系统：利用数字系统提高建筑许可和审批的效率。

8. 培训和教育

数字化培训工具：利用虚拟培训和在线学习工具培训建筑行业从业人员，使其熟练使用新的数字化工具和技术。

数字化的落地不仅是技术的采用，更需要行业各方的合作和文化的转变。这一转变将建筑行业推向更加高效、可持续和创新的未来。

（十）挑战与应对策略

数据安全与隐私：随着数字化的推进，建筑行业面临着大量数据的收集和共享。因此，数据安全和隐私将成为一个重要的挑战。建筑行业需要建立完善的数据安全体系，保障用户和企业的隐私权。

技术普及与教育：随着新技术的涌现，建筑行业需要应对技术普及不均的问题。为了更好地适应新技术，建筑从业者需要接受不断更新的培训和教育，保持对行业趋势的敏感性。

可持续材料供应链：随着对可持续建筑材料需求的增加，建筑行业面临可持续材料供应链的挑战。建筑企业需要与供应商合作，共同推动可持续材料的生产和使用。

法规与标准：随着新技术和设计理念的不断涌现，建筑行业需要与之相适应的法规和标准。建筑从业者应该积极参与法规和标准的制定，确保行业的可持续发展。

未来建筑行业的发展将在可持续性、数字化、创新技术、设计理念等多个方面取得显著进展。建筑行业需要不断适应新技术和趋势，面对挑战时找到合适的解决策略。在数字化的时代，建筑不仅是简单的空间，更是一个与居住者、环境和城市相互连接的智能生态系统。通过科技的推动，建筑行业将为人们创造更安全、更健康、更具创意的居住和工作环境。

二、新技术与市场变革对建筑质量管理的挑战

建筑行业正面临着日新月异的技术创新和市场变革，这些变革不仅为行业带来了新的机遇，也带来了一系列的挑战，尤其是在建筑质量管理方面。本书将深入探讨新技术和市场变革对建筑质量管理的挑战，并提出相应的应对策略，以确保建筑行业在变革中保持高水平的质量标准。

（一）新技术对建筑质量管理的挑战

新技术给建筑质量管理带来了许多挑战，同时也为行业带来了更多的机遇。随着科技的不断发展，建筑行业正经历着前所未有的变革，从设计到施工再到运营，各个环节都受到了新技术的影响。这些技术的引入在提高效率的同时也对传统的建筑质量管理方式提出了一系列新的问题，需要行业和专业人士共同努力来解决。

BIM 的广泛应用是建筑领域最显著的技术变革之一。BIM 是一种数字化的建筑设计和管理方法，通过将建筑的几何形状、结构和功能等信息整合到一个共享的数字模型中，实现了设计、施工和运营的协同工作。然而，BIM 的引入也带来了新的挑战。在传统的建筑质量管理中，问题的发现通

常是通过实地检查和经验积累来完成的，但是在 BIM 中，人们更多地依赖于数字模型，这需要建筑业从业者具备新的技术技能来有效地管理和分析这些信息。

无人机技术的应用也对建筑质量管理提出了挑战。无人机可以通过航拍技术在短时间内获取大范围的建筑信息，包括结构的完整性、外观缺陷等。然而，这也意味着管理人员需要学会处理大量的图像和数据，以便更准确地识别和评估建筑质量问题。此外，隐私和安全问题也是无人机技术应用中需要认真考虑的方面，特别是在城市环境中。

物联网（IoT）技术的普及也对建筑质量管理提出了新的要求。通过在建筑中嵌入各种传感器，可以实时监测建筑的各种参数，如温度、湿度、振动等。这提供了更全面、实时的建筑状态信息，有助于提前发现潜在问题。然而，这也带来了大量的数据，如何高效地收集、存储和分析这些数据成为了一个亟待解决的问题。此外，保护这些数据的安全性也是一个值得重视的问题。

另外，人工智能（AI）的应用也为建筑质量管理带来了一些挑战。通过机器学习和深度学习等技术，AI 可以分析大量的建筑数据，识别出潜在的问题和风险。然而，这也需要建筑从业者具备对这些技术的理解和应用能力。同时，人们也需要考虑 AI 在决策过程中的透明度和可解释性，以确保建筑质量管理的决策能够被理解和接受。

最后，新技术的不断更新和迭代也要求建筑行业的从业者具备不断学习的能力。技术的更新速度很快，建筑从业者需要时刻关注新技术的发展，不断学习和适应，以保持在行业中的竞争力。这对传统的建筑行业而言是一项巨大的挑战，因为传统的管理和工作方式可能无法适应这种快速变化的环境。

尽管新技术给建筑质量管理带来了一系列挑战，但也为行业带来了更多的机遇。通过合理应用这些技术，建筑行业可以提高效率，降低成本，并提升建筑质量。在面对挑战的同时，行业和从业者需要加强合作，共同寻找解决方案，推动建筑质量管理与时俱进，更好地适应科技发展的潮流。

（二）市场变革对建筑质量管理的挑战

随着社会经济的快速发展和科技的不断进步，建筑行业也在不断经历市场变革。这种变革不仅对建筑项目的规模、技术和管理提出了新的要求，同时也对建筑质量管理带来了一系列的挑战。本书将探讨市场变革对建筑质量管理的影响，并分析在这一背景下，建筑业面临的挑战和可能的解决方案。

1. 技术革新带来的挑战

随着信息技术的迅猛发展，建筑行业的工艺和技术不断更新换代。虚拟设计和建模技术、智能建筑系统等新技术的引入，为建筑项目提供了更多的可能性，但也给建筑质量管理带来了新的挑战。例如，虚拟设计中的误差可能会在实际施工中产生问题，而智能系统的故障可能对建筑的正常运行产生负面影响。因此，建筑质量管理需要不断学习和适应新的技术，确保其在项目中的有效应用，防范可能的风险。

2. 建筑项目复杂性的提高

市场变革通常伴随着建筑项目的规模和复杂性的提高。大型综合性建筑项目的兴起，涉及多个专业领域和多方利益相关者，这就要求建筑质量管理需要更加全面、系统地考虑各种因素。项目复杂性的提高可能导致管理难度的增加，需要更强大的管理团队和更高水平的管理能力。

3. 市场竞争压力

市场的竞争激烈使得建筑企业更加注重项目的速度和成本，这可能导致在建筑质量上的一些折中。为了迅速完成项目并降低成本，一些企业可能会牺牲一些质量标准。建筑质量管理需要在保证项目进度和成本的同时，保持对质量的高度关注，确保建筑物的安全性和持久性。

4. 环境和可持续发展要求

随着社会对环境可持续发展的关注不断增加，建筑业也受到了更为严格的环保要求。这包括建筑材料的选择、能源利用效率、废弃物处理等方面的

要求。建筑质量管理需要不仅考虑传统的建筑质量标准，还需要结合环境和可持续发展的要求，确保建筑项目在环保方面达到相应的标准。

5. 供应链管理的挑战

市场变革通常会影响建筑项目的供应链，可能涉及不同地区、不同文化和不同法律体系。这就需要建筑质量管理在全球化背景下更好地进行供应链管理，确保材料的质量、工程进度的控制等方面都得到有效的管理。

可能的解决方案

（1）强化技术培训和更新

建筑质量管理人员需要不断提升自己的技术水平，紧跟科技的发展。培训和学习新技术，熟练掌握虚拟设计、智能建筑系统等先进技术，以更好地适应市场的变化。

（2）加强项目管理能力

建筑质量管理需要更全面、系统地进行项目管理。建立有效的沟通渠道，加强与不同专业领域和利益相关者的合作，提高团队的整体协同能力。

（3）注重质量文化建设

在企业内部建立质量文化，强调质量至上的理念。通过制定明确的质量标准、建立质量管理体系等措施，确保所有项目参与者对质量有共同的认知和追求。

（4）高效利用信息化工具

采用信息化工具，如 BIM、质量管理软件等，提高质量管理的效率和准确性。信息化工具可以帮助实时监控项目进度、质量状况，及时发现和解决问题。

（5）融入可持续发展理念

建筑质量管理需要将可持续发展理念融入到质量标准中，关注环境影响，选择符合可持续发展要求的建筑材料和技术，确保项目在环保方面达到相应的标准。

（6）加强供应链管理

建筑质量管理需要加强对供应链的管理，确保材料的质量、供应商的信誉和合规性。建立稳定的供应链体系，降低外部因素对建筑质量的影响。

综合而言，市场变革对建筑质量管理提出了更高的要求，但同时也为建筑业带来了更多的机遇。面对这些挑战，建筑质量管理需要不断创新和适应，采用新的管理方法和工具，以确保项目的质量、安全和可持续发展。

在市场变革的大背景下，建筑质量管理者需要具备更多的综合素质。需要具备深厚的专业知识，不仅了解传统的建筑工程知识，还要紧跟行业的发展趋势，了解新技术、新材料的应用。需要具备良好的沟通和协调能力，能够有效地与不同专业的团队成员、业主、设计师等多方进行合作。同时，高效的项目管理能力也是必不可少的，确保项目能够按时、按质、按成本完成。

另外，建筑质量管理需要强调团队协作和共同的质量意识。通过培养团队成员的责任心和质量观念，形成共同的质量文化。团队的共同努力和协同作战，能够更好地应对市场变革带来的挑战。

在技术方面，BIM 等信息化工具的广泛应用是提高建筑质量管理水平的重要途径。BIM 可以在建筑的设计、施工和运营阶段提供全面的信息支持，有助于发现和解决问题，提高项目的透明度和可控性。同时，人工智能、大数据分析等新兴技术也可以为建筑质量管理提供更多的决策支持和预测能力。

关注可持续发展是建筑质量管理的重要方向之一。建筑质量管理者需要在项目的整个生命周期内考虑环境、社会和经济的可持续性，采用符合绿色建筑标准的设计和施工方法。这不仅有助于减少对环境的负面影响，还有助于提升建筑的整体质量和市场竞争力。

最后，建筑质量管理需要注重学习和不断改进。通过总结经验教训，及时调整和优化管理流程，不断提升管理水平。建立学习型组织，鼓励团队成员参与培训和专业交流，以保持对行业最新动态的敏感性。

总体而言，市场变革对建筑质量管理提出了更高的要求，但也为其提供了更多的发展机遇。通过引入新技术、强化团队协作、关注可持续发展，建筑

质量管理可以更好地适应市场的变化，确保项目质量和可持续发展的双赢。

（三）应对新技术挑战的策略

面对新技术对建筑质量管理带来的挑战，建筑行业可以采取一系列策略来有效地适应和应对这些变化。

技术培训与教育：为从业人员提供必要的技术培训和教育，使其能够掌握新技术的应用。这包括对 BIM、无人机技术、物联网和人工智能等方面的培训，以提高他们的数字技能水平。

建立跨学科团队：引入新技术需要不同领域的专业知识，建立跨学科的团队，包括建筑师、工程师、信息技术专家等，共同协作解决建筑质量管理中的技术挑战。

制定技术应用战略：制定明确的技术应用战略，确保新技术的引入符合组织的整体战略目标。这包括制定清晰的目标、阐述技术的预期收益，并规划技术的逐步应用过程。

数据管理和安全：建立有效的数据管理体系，确保从大量产生的数据中提取有用信息。同时，加强数据安全措施，以防止敏感信息泄露和数据被滥用。

采用标准和规范：制定并采用相关的标准和规范，以确保新技术的应用符合行业和法规的要求。这有助于提高建筑质量管理的一致性和可靠性。

整合软硬件解决方案：选择并整合适当的软硬件解决方案，以最大程度地提高效率。这可能包括 BIM 软件、传感器设备、数据分析工具等。

注重透明度和沟通：在引入新技术的过程中，注重透明度和沟通，确保各个层面的员工了解技术的意义和应用，减少可能的阻力和误解。

持续创新和改进：鼓励和支持持续创新和改进的文化，以适应技术的快速发展。建立反馈机制，从实践中学习，不断优化和调整技术应用策略。

合作伙伴关系：建立与科技公司、研究机构等的合作伙伴关系，获取最新的技术信息和支持。这有助于保持组织在技术领域的前沿地位。

风险管理：在引入新技术时，认真评估潜在的风险，并采取适当的风险管理措施。这包括技术失效、安全风险，以及可能的法律和道德问题。

通过采取这些策略，建筑行业可以更好地适应新技术带来的挑战，提高建筑质量管理的水平，同时确保技术的合理、高效应用。这将有助于推动整个建筑行业向着更加数字化、智能化的未来迈进。

（四）应对市场变革挑战的策略

采用先进项目管理技术：为了应对项目复杂性和时间压力，建筑行业可以采用先进的项目管理技术，如敏捷项目管理和迭代式开发方法。这有助于更灵活地应对项目变化，提高团队协同效率，从而确保项目质量。

建立跨文化团队培训计划：面对全球化和跨文化项目的挑战，建筑行业可以建立跨文化团队培训计划，培养团队成员的跨文化沟通和协作能力。这有助于降低因文化差异导致的误解和合作问题。

推动可持续发展教育：针对可持续性和绿色建筑的需求，建筑行业可以推动可持续发展的专业培训和教育。建筑从业者需要不断更新关于绿色建筑标准和技术的知识，以满足市场的新要求。

加强社会责任沟通：面对社会舆论和公众参与的挑战，建筑行业需要加强社会责任沟通，向公众透明展示项目的建设过程、安全措施和质量标准。通过与公众的及时沟通，建立信任关系，降低社会风险。

（五）建立质量文化和质量保障体系

倡导质量文化：为了应对市场变革带来的质量挑战，建筑行业需要倡导质量文化，使所有从业者都对质量有高度的敬畏和责任心。这包括从领导层到基层员工都要认识到质量对于企业和项目的重要性。

建立质量保障体系：建筑企业可以建立完善的质量保障体系，确保从设计、施工到验收的每个环节都有明确的质量标准和程序。定期进行内部和外

部的质量审计，及时发现和纠正潜在的质量问题。

引入独立第三方质量检测：为了确保质量评估的客观性，建筑行业可以引入独立的第三方机构进行质量检测和评估。这有助于提高质量评估的独立性和公正性。

实施持续改进：针对市场变革和技术创新带来的挑战，建筑企业需要实施持续改进的理念。通过不断地收集反馈意见、总结经验教训，推动整个建筑质量管理体系不断优化和进步。

（六）制订应对风险的应急计划

建立风险评估机制：为了应对技术和市场变革带来的不确定性，建筑行业需要建立风险评估机制。通过全面的风险评估，识别可能影响项目质量的风险因素，并制定相应的应对策略。

建立应急响应团队：在建筑项目中，建立应急响应团队是至关重要的。这个团队需要具备危机管理的专业知识，能够迅速有效地应对各种紧急情况，确保项目的质量和安全。

制订危机公关计划：面对社会舆论和公众关注，建筑企业需要制定完善的危机公关计划。在出现问题时，能够及时、透明地向公众沟通，减轻负面影响。

建立技术创新监测系统：为了及时应对新技术带来的挑战，建筑企业可以建立技术创新监测系统，定期追踪和评估行业内外的技术变革，及时采纳适合自身的创新技术。

新技术和市场变革对建筑质量管理提出了新的挑战，但同时也为行业带来了巨大的发展机遇。建筑企业需要采用灵活的战略，不断优化管理体系，以适应变革的潮流。通过建立质量文化、推动技术创新、建立应急响应机制等多方面的努力，建筑行业将能够在新时代保持高水平的质量管理水平。这不仅是对企业自身的要求，更是对社会、环境和公众负责的体现。

第三节　QFD应对建筑质量管理变革的策略

一、QFD的灵活性与应变能力

QFD是一种用于将客户需求转化为产品或服务设计特性的系统性方法。QFD旨在确保产品或服务不仅符合客户的期望，而且在设计和生产的各个阶段都能够保持高水平的质量。本书将探讨QFD方法的灵活性与应变能力，以及这些特质在质量管理中的关键作用。

（一）QFD方法的灵活性

可适应多领域：QFD的灵活性体现在它能够适应多个领域和行业。不同行业的产品或服务可能涉及到不同的技术、流程和需求，QFD通过其灵活的框架和方法论，可以轻松应用于这些多样性的环境。

跨功能性应用：QFD不仅可以在产品设计阶段使用，还可以在不同业务功能之间进行交叉应用。例如，在服务行业，它可以帮助建立服务质量的关联矩阵，将客户需求直观地转化为服务特性。

适应变化：在快速变化的商业环境中，QFD能够灵活应对需求的变化。通过不断更新矩阵，组织可以及时响应市场变化、技术创新和客户反馈，确保产品或服务的持续优化。

（二）QFD方法的应变能力

客户需求的动态变化：客户需求是一个动态的概念，随着时代、文化和科技的变化而不断演变。QFD具有应变能力，可以通过不断更新和调整矩阵，确保产品或服务与客户的期望保持一致。

市场竞争压力：在竞争激烈的市场中，产品和服务的更新换代速度加快。

QFD 方法通过不断的市场分析和竞争对手分析，使组织能够及时调整产品或服务特性，以保持竞争优势。

技术创新的影响：技术的不断进步对产品或服务设计提出了新的挑战。QFD 方法的应变能力在于它能够整合新技术要求，确保产品或服务始终处于技术创新的前沿。

（三）QFD 在质量管理中的关键作用

质量目标的明确：QFD 通过将客户需求与产品特性直接关联，为组织设定了明确的质量目标。这确保了质量管理的方向清晰，所有团队成员都能够理解并朝着相同的目标努力。

团队合作与沟通：QFD 是一个跨部门的团队工具，促进了不同团队之间的合作与沟通。通过参与 QFD 过程，各个团队能够理解彼此的角色和目标，为实现整体质量目标共同努力。

问题的及时发现与解决：QFD 方法通过对各个阶段的关联矩阵进行分析，有助于及时发现问题并找到解决方案。这种早期介入有助于避免问题在后期造成更大的影响，提高了问题解决的效率。

持续改进的驱动力：QFD 注重于与客户需求的匹配度，这使得持续改进成为一种自然的驱动力。通过不断优化矩阵，组织可以实现对产品或服务质量的持续改进，提高客户满意度。

（四）QFD 的局限性

过程复杂性：QFD 的应用涉及多个矩阵和复杂的数据分析过程，可能需要较长的学习曲线。组织在初次应用时可能会面临实施难度。

依赖有效的数据：QFD 的成功应用依赖于准确、全面、有效的数据。如果数据收集不准确或缺乏可靠性，QFD 的分析结果可能受到影响，降低了方法的可靠性。

过度侧重初期设计：QFD 主要侧重于产品或服务的初期设计阶段，对于后续生产和运营阶段的质量管理相对较弱。这可能导致在后期发现的问题难以根本解决，影响质量管理的全周期性。

团队依赖性：有效的 QFD 需要跨足多个团队和职能，如果团队协作存在问题或者团队成员缺乏合作精神，可能会降低 QFD 的效果。

（五）提升 QFD 的灵活性与应变能力的策略

持续培训与教育：为团队成员提供持续培训和教育，使其熟练掌握 QFD 方法。培养团队成员对新技术、市场趋势的敏感性，以提高团队对变化的适应能力。

引入数字化工具：利用先进的数字化工具和技术，将 QFD 的过程数字化。这不仅可以提高工作效率，还可以使得 QFD 更具灵活性，能够更好地应对数据变化和实时更新的需求。

跨部门协作机制：建立跨部门的协作机制，促进信息的流通和共享。确保各个团队都能够及时获取最新的客户需求和市场信息，从而更好地应对变化。

建立持续改进文化：将持续改进的理念融入组织文化中，使每个团队成员都认识到质量管理是一个不断演进的过程。鼓励团队成员提出改进建议，并确保这些建议得到认真考虑和实施。

客户参与：引入客户参与的机制，包括客户反馈、调查等。通过更紧密地与客户互动，能够更准确地捕捉客户需求的变化，确保 QFD 的灵活性与应变能力。

QFD 作为一种质量管理工具，其灵活性与应变能力在当前快速变化的商业环境中显得尤为重要。通过了解客户需求、建立关联矩阵、持续改进，QFD 方法为组织提供了一种系统性的途径，确保产品或服务在设计和生产的各个阶段都能够保持高水平的质量。

然而，QFD 也有其局限性，特别是在应对复杂多变的市场和技术环境时。为了提升 QFD 的灵活性与应变能力，组织需要注重团队培训、引入数

字化工具、促进跨部门协作，并建立持续改进文化。只有在这些方面取得进展的基础上，QFD 才能更好地适应未来的质量管理挑战，为组织的可持续发展提供坚实的支持。

二、QFD 在变革中的角色与作用

企业在不断发展的过程中，需要不断适应市场的变化，迎接技术创新，以及满足客户的不断演变的需求。在这样的背景下，QFD 作为一种系统性的方法，对于企业的变革过程发挥着关键的作用。本书将深入探讨 QFD 在企业变革中的角色与作用，分析其在应对市场挑战、提升产品质量和促进团队协作等方面的贡献。

（一）QFD 在企业变革中的角色与作用

市场变化的敏感性：QFD 能够帮助企业对市场变化更加敏感。通过分析客户需求和市场趋势，企业可以及时调整产品或服务特性，以更好地适应市场的变化，保持竞争优势。

产品质量的持续改进：在企业变革中，产品质量的持续改进是至关重要的。QFD 通过持续的客户需求分析和产品特性优化，为企业提供了实现持续改进的方法和工具。

新技术引入的平滑过渡：企业变革通常伴随着新技术的引入。QFD 的灵活性使其能够适应新技术要求，确保企业在引入新技术时能够实现平滑过渡，降低变革风险。

团队协作与沟通：在企业变革中，各个部门和团队之间的协作与沟通至关重要。QFD 作为一个跨部门的团队工具，促进了不同团队之间的合作与沟通，确保所有团队成员都朝着相同的目标努力。

（二）QFD 在应对市场挑战中的作用

敏锐的市场洞察：QFD 通过深入分析客户需求和市场趋势，使企业能够更敏锐地洞察市场的变化。这有助于企业在竞争激烈的市场中保持一步领先。

客户导向的产品设计：QFD 将客户需求直接转化为产品特性，使产品设计更加客户导向。在市场竞争中，满足客户需求的产品更容易受到欢迎，QFD 为企业提供了实现这一目标的框架。

及时的产品调整：随着市场变化，产品需求也在不断变化。QFD 的灵活性使得企业能够及时调整产品特性，确保产品在市场中保持竞争力。

降低市场风险：通过 QFD 的方法，企业能够更全面地了解市场需求和竞争环境，降低市场风险。及时的市场调整和产品优化有助于企业更好地适应市场变化。

（三）QFD 在提升产品质量中的作用

明确的质量目标：QFD 通过将客户需求与产品特性直接关联，为企业设定了明确的质量目标。这确保了质量管理的方向清晰，所有团队成员都能够理解并朝着相同的目标努力。

团队合作与沟通：QFD 是一个跨部门的团队工具，促进了不同团队之间的合作与沟通。通过参与 QFD 过程，各个团队能够理解彼此的角色和目标，为实现整体质量目标共同努力。

问题的及时发现与解决：QFD 方法通过对各个阶段的关联矩阵进行分析，有助于及时发现问题并找到解决方案。这种早期介入有助于避免问题在后期造成更大的影响，提高了问题解决的效率。

持续改进的驱动力：QFD 注重于与客户需求的匹配度，这使得持续改进成为一种自然的驱动力。通过不断优化矩阵，组织可以实现对产品或服务质量的持续改进，提高客户满意度。

（四）QFD 在团队协作中的作用

建立共同的理解：QFD 过程需要不同部门和团队的协同工作，通过共

同参与 QFD 的制定，团队成员能够建立对客户需求和产品特性的共同理解。这有助于统一团队的思维和目标。

促进信息共享：QFD 过程中，各个团队需要共享信息、数据和见解。这促使团队成员之间建立更加密切的联系，确保信息能够流通，不同部门之间的知识和资源得以共享。

提高团队凝聚力：参与 QFD 过程的团队成员共同承担了产品质量的责任。这种共同的责任感能够促进团队凝聚力，使团队更加有动力共同为实现质量目标而努力。

促进跨部门协作：企业变革往往涉及多个部门和团队的协作。QFD 通过将不同部门的需求和贡献整合在一起，促进了跨部门的协作，使得变革过程更加顺畅。

（五）提升 QFD 在企业变革中的效果的策略

领导层支持：企业变革需要领导层的支持，确保 QFD 的有效实施。领导层可以推动组织文化的变革，鼓励团队参与 QFD 过程，并将其视为企业变革的核心工具之一。

培训与教育：为团队成员提供 QFD 相关的培训与教育，使其熟悉 QFD 的方法和工具。培训不仅包括 QFD 的理论知识，还包括实际案例的分析，使团队能够更好地应用 QFD 解决实际问题。

引入数字化工具：利用先进的数字化工具和技术，将 QFD 的过程数字化。数字化工具可以提高工作效率，使得 QFD 更具灵活性，能够更好地应对变化。

设立奖励机制：通过设立与 QFD 相关的奖励机制，激励团队积极参与 QFD 过程。奖励可以包括个人和团队层面，旨在鼓励团队成员共同努力，取得更好的 QFD 效果。

持续改进文化：将持续改进的理念融入组织文化中。鼓励团队成员提出改进建议，确保这些建议得到认真考虑和实施。持续改进文化有助于推动

QFD的有效应用。

在企业变革的复杂环境中，QFD作为一个系统性的方法，发挥着关键的角色与作用。通过敏锐的市场洞察、产品质量的持续改进、新技术引入的平滑过渡以及促进团队协作等方面的作用，QFD为企业提供了一种科学、系统的方式，帮助企业更好地适应变革、提高产品质量，推动团队合作。

为了提升QFD在企业变革中的效果，企业可以采取一系列策略，包括领导层的支持、团队成员的培训、数字化工具的引入、奖励机制的设立，以及持续改进文化的建立。这些策略有助于激发团队的积极性，推动QFD在企业变革中的更好应用，为企业的可持续发展提供坚实的支持。

第四节　技术创新对建筑质量管理的影响

一、先进技术在建筑中的应用

随着科技的迅速发展，先进技术在建筑领域的应用日益普及，不仅为建筑行业带来了更高效的工作方式，也为建筑设计、施工和管理提供了更多可能性。本书将深入探讨先进技术在建筑中的应用，包括数字化建模、BIM、智能建筑、可持续技术等，并展望这些技术在未来的发展趋势。

（一）数字化建模与虚拟设计

BIM的应用：BIM是一种数字化建模技术，通过将建筑信息整合到一个三维模型中，实现了设计、施工和维护的全过程管理。BIM不仅提高了设计效率，还能够减少误差，为各个阶段的参与者提供更直观的协作平台。

虚拟现实（VR）和增强现实（AR）的融合：VR和AR技术使建筑师和设计师能够通过虚拟环境中的互动，更好地理解和评估设计方案。这种沉浸式的体验有助于在设计初期发现潜在的问题，提高设计质量。

数字双胞胎：数字双胞胎是将实际建筑与数字模型完美结合的概念。通过实时更新的数字双胞胎，建筑业者可以在整个建筑生命周期中监测和管理建筑物的状态，提高运营效率。

（二）智能建筑技术的应用

物联网（IoT）在建筑中的整合：IoT 技术通过连接建筑中的各种设备和系统，实现了建筑内部各个部分的实时监测和互动。智能传感器、自动控制系统等使得建筑能够更加智能化、自动化地运行。

智能能源管理：先进技术在建筑领域的一个关键应用是智能能源管理。通过实时监控能源使用情况，自动调整照明、空调等系统，建筑可以更高效地利用能源，降低能耗成本。

建筑自适应性：利用先进的传感器和控制系统，建筑可以实现自适应性，根据环境条件自动调整温度、湿度、照明等参数，提供更舒适的室内环境。

（三）可持续技术在建筑中的发展

绿色建筑和生态设计：先进技术在可持续建筑中发挥了关键作用。通过使用可再生能源、高效的绝缘材料、雨水收集系统等，建筑可以减少对环境的负担，实现更加环保和可持续的设计。

智能建筑外壳：先进的建筑外壳技术可以根据环境条件调整建筑的通风、隔热和遮阳性能，提高建筑的能效性能。

循环利用和再生建材：先进技术使得对建材的再生利用变得更加容易。通过使用可循环利用的建材，减少了建筑废弃物的产生，推动了建筑行业向循环经济转变。

（四）先进技术在建筑管理中的应用

项目管理软件：先进的项目管理软件可以帮助建筑项目的规划、进度跟踪和资源管理。这些软件提高了团队之间的协作效率，减少了项目延期和成本超支的风险。

人工智能（AI）和机器学习：AI 和机器学习技术能够分析大量的建筑数据，提供更准确的预测和决策支持。在建筑管理中，它们可以用于风险管理、成本估算、工程规划等方面。

无人机和激光扫描：无人机和激光扫描技术可以用于建筑现场的监测和勘测。它们能够以更高效、安全的方式获取建筑现场的详细信息，为设计和施工提供支持。

（五）未来发展趋势

5G 技术的普及：5G 技术的普及将极大改变建筑领域的数据传输和通信方式。高速低延迟的网络将促使更多的智能设备和系统在建筑中得到应用。

建筑与城市的智能互联：未来建筑将更多地融入城市的智能网络中，实现建筑之间、建筑与城市基础设施之间的智能互联。这有助于实现更高效的城市管理和资源利用。

可再生能源技术的深入应用：未来建筑将更多地利用可再生能源，如太阳能、风能等。先进的能源存储技术和智能能源管理系统将帮助建筑更灵活地利用可再生能源，实现能源的高效利用。

建筑材料的创新：未来建筑材料将更注重环保、可持续性和高效性能。新型建筑材料的研发将促使建筑更轻、更坚固，同时具备更好的隔热、隔音和防火性能。

智能建筑的发展：智能建筑将更加普及，不仅能够实现自适应性的能源管理，还将进一步实现智能安全、智能交通等方面的创新。人工智能和大数据的应用将进一步提升建筑的智能化水平。

建筑工程的自动化和机器人技术：未来，建筑工程将更加自动化，机器人将在施工、维护和修复等方面发挥更大的作用。这将提高工程效率，减少人工劳动的风险。

可持续城市规划：先进技术将在城市规划中发挥关键作用，实现更加可

持续的城市发展。数字化建模、智能城市系统等技术将被广泛应用，提升城市的整体效能。

（六）面临的挑战与应对策略

隐私和安全问题：随着建筑中智能设备的增多，隐私和安全问题成为一项重要挑战。建筑业需要加强网络安全措施，制定隐私保护政策，并通过技术手段确保数据的安全性。

高昂的投资成本：先进技术的引入通常伴随着高昂的投资成本，这对于一些中小型建筑企业来说可能是一个障碍。政府、行业协会和企业可以共同努力，制定激励政策，降低先进技术的应用门槛。

技术标准的制定：建筑领域的先进技术涉及众多方面，需要建立一套统一的技术标准，以确保不同技术能够相互兼容，提高整体系统的协同效能。

人才培养和适应：先进技术的快速发展需要建筑行业有更多掌握相关技能的专业人才。培训和教育机构应调整课程设置，确保新一代建筑从业人员具备应对先进技术的能力。

先进技术在建筑领域的广泛应用不仅改变了建筑行业的工作方式，也为建筑设计、施工和管理带来了更多的可能性。数字化建模、智能建筑、可持续技术等领域的创新不断推动建筑行业向更高效、智能和可持续的方向发展。

未来，建筑行业将迎来更多的先进技术应用，包括5G技术的普及、建筑与城市的智能互联、智能建筑的发展等。面对挑战，行业需要制定明智的政策、加强安全保障、降低投资门槛，并注重人才培养，以实现建筑领域科技创新的可持续发展。通过合作、创新和持续投入，建筑业将迎来更加繁荣的未来。

二、技术创新对建筑质量标准的提升

建筑作为人类生活的重要组成部分，其质量直接关系到人们的生活质量和安全。随着科技的不断进步，技术创新对建筑行业的影响日益显著，为提高建筑质量标准提供了新的机遇和挑战。本书将深入探讨技术创新对建筑质量标准的提升，包括数字化建模、智能监测、可持续建筑技术等，并展望未来技术创新对建筑质量标准的可能影响。

（一）数字化建模与虚拟设计的应用

BIM 的革命：BIM 技术在建筑设计、施工和管理中的应用，为建筑行业引入了数字化建模的新范式。通过将建筑信息整合到一个统一的数字模型中，BIM 提供了更加直观、全面的视角，有助于减少设计中的冲突和错误，提升建筑设计的准确性和质量。

虚拟现实（VR）和增强现实（AR）的应用：VR 和 AR 技术为建筑设计和施工提供了全新的体验。建筑师和工程师可以通过虚拟环境中的互动，更好地理解和评估设计方案。这有助于在设计初期发现问题，提高建筑设计的质量。

数字双胞胎的概念：数字双胞胎将实际建筑与数字模型完美结合，通过实时更新的数字双胞胎，建筑业者可以在整个建筑生命周期中监测和管理建筑物的状态，提高运营效率，确保建筑的质量。

（二）智能监测与自动化技术的发展

物联网（IoT）的整合：物联网技术通过将传感器和设备连接到互联网，实现了对建筑内外各种参数的实时监测。智能传感器可以监测结构的变化、设备的运行状态等，及时发现潜在问题，提高建筑结构的安全性和稳定性。

智能建筑外壳技术：先进的建筑外壳技术可以根据环境条件调整建筑的通风、隔热和遮阳性能。智能外壳技术使建筑能够更好地适应气候变化，提高能效，减少对能源的依赖。

机器学习与人工智能的应用：机器学习和人工智能技术可以对大量的建筑数据进行分析，从而提供更准确的预测和决策支持。在建筑监测中，这可

以用于预测维护需求、优化能源利用等，提高建筑的质量和效率。

（三）可持续建筑技术的创新

绿色建筑和生态设计：可持续建筑技术注重在建筑设计和施工中最大限度地减少对环境的影响。采用可再生能源、高效的绝缘材料、雨水收集系统等技术，有助于降低建筑的碳足迹，提高建筑的可持续性。

智能能源管理：先进的智能能源管理系统通过实时监测和调整建筑内部能源使用，优化照明、空调等系统的运行。这不仅提高了能源的利用效率，也降低了建筑的运营成本。

循环利用和再生建材：先进技术推动了建筑行业对可再生建材的广泛应用。通过使用可循环利用的建材，降低建筑废弃物的产生，实现了对资源更加有效的利用，推动了建筑行业向循环经济的转变。

（四）技术创新对建筑质量标准提升的具体影响

设计准确性的提高：数字化建模和虚拟设计使得建筑设计更加直观和准确。设计团队能够在数字环境中对建筑进行深入分析，预测潜在问题，并及时进行调整，从而提高设计的准确性和一致性。

实时监测和预测维护：智能监测技术使得建筑的各个方面都可以被实时监测。这种实时性不仅有助于及早发现结构问题或设备故障，也能够通过机器学习提前预测维护需求，保障建筑的长期稳定性。

能源效率的提高：智能建筑外壳技术和智能能源管理系统可以根据实时的气象和能源使用情况进行调整，提高建筑的能源效率。这有助于降低运营成本，减少对非可再生能源的依赖。

可持续性的实现：可持续建筑技术的应用使得建筑能够更好地适应环境，降低对自然资源的损耗。绿色建筑和生态设计的原则有助于建筑在整个生命周期内减少环境负担，实现可持续发展。

质量管理的标准化：技术创新也带来了建筑质量管理的标准化。数字化建模和监测系统提供了更多的数据和指标，建筑行业可以更全面、客观地评估和管理建筑质量，推动建筑行业质量标准的不断提升。

（五）面临的挑战与应对策略

数据安全与隐私保护：随着建筑行业数字化的深入，涉及大量数据需要得到有效的保护。建筑行业需要制定相关的数据安全政策和隐私保护措施，确保敏感信息不被滥用或泄露。

技术普及与人才培养：技术创新需要建筑行业具备相应的技术人才。为了更好地应用先进技术，建筑行业需要加强人才培养，培养一批具备数字化建模、智能监测等技术背景的专业人才。

投资成本与回报周期：技术创新通常伴随着一定的投资成本，而有些新技术的回报周期相对较长。建筑行业需要在引入新技术时谨慎权衡投资与收益，制定长远规划，确保技术投资的可持续性。

行业标准和规范的制定：技术创新带来了新的工作方式和流程，需要相应的行业标准和规范来指导。建筑行业应积极参与标准的制定，确保技术创新的推广和应用能够在行业内得到规范的指导。

（六）未来展望

智能化和数字化深度融合：未来，建筑行业将更加深度融合智能化和数字化技术。数字化建模、智能监测、人工智能等技术将更加紧密地协同工作，实现建筑全过程的智能化管理。

新材料和新工艺的应用：随着科技的发展，新型建筑材料和建筑工艺将不断涌现。高性能材料、3D 打印技术等将为建筑设计和施工提供更多可能性，推动建筑行业不断创新。

生态友好与社会责任：未来建筑将更注重生态友好和社会责任。可持续建筑技术将得到更广泛的应用，建筑行业将更加关注对环境和社会的积极影响。

全球合作与共享平台：技术的全球化发展将促使建筑行业加强全球合作。共享平台将成为建筑行业合作的新模式，推动先进技术在全球范围内的快速传播和应用。

技术创新是建筑行业不断发展的引擎，为提高建筑质量标准提供了强大的动力。数字化建模、智能监测、可持续建筑技术等的广泛应用，将使建筑更加智能、高效、环保。然而，挑战与机遇并存，需要全行业共同努力，推动技术创新在建筑行业的深度融合与应用，为未来建筑质量标准的不断提升创造更加稳固的基础。通过持续的合作、研发和教育培训，建筑行业将更好地适应技术创新的潮流，为社会提供更安全、更舒适、更可持续的建筑环境。

第五节　跨文化环境中的建筑质量管理挑战

一、不同文化对建筑理念的影响

建筑作为一门综合性的艺术与科学，承载着文化、历史、社会等多重元素。不同的文化背景塑造了独特的建筑理念，反过来，建筑也成为文化的载体和表达方式。本书将深入探讨不同文化对建筑理念的影响，以及在跨文化设计中面临的挑战和机遇。

（一）文化对建筑理念的塑造

宗教与哲学的影响：宗教和哲学是文化的核心，对建筑产生深远的影响。例如，伊斯兰建筑强调对称和装饰，反映了伊斯兰教对美的追求；而佛教寺庙通常体现出禅宗思想，强调简约与平和。

地域与气候条件：不同地域的文化在建筑中表现出独有的特征。例如，北欧地区的木质建筑与其严寒的气候相适应，而中东地区的穹顶建筑则反映了对高温气候的处理方式。

历史传统与社会结构：历史传统和社会结构对建筑的发展产生深刻影响。古老的文化中的传统建筑风格常常融入当代设计，体现了对历史的尊重。社会结构的变迁也会引发建筑理念的演变，如现代城市化对居住空间的重新思考。

（二）不同文化背景下的建筑风格

1. 亚洲文化下的建筑

中国建筑：中国传统建筑注重与自然的和谐，追求"天人合一"的理念。例如，中国古代的宫殿和庭院布局常常以山水为背景，强调景致的呼应。

日本建筑：日本建筑注重简约和自然材料的使用。禅宗的影响使得日本建筑强调空间感和内外一体性，同时注重庭院的设计。

2. 欧洲文化下的建筑

古希腊与古罗马建筑：古希腊建筑注重对称和比例，以柱廊和穹顶为特征。古罗马建筑则强调实用性和工程技术，如拱门和圆形剧场的运用。

哥特式建筑：欧洲中世纪的哥特式建筑以尖拱和尖顶为特征，教堂常常具有高耸的尖塔和精致的玻璃彩窗。

3. 伊斯兰文化下的建筑

伊斯兰建筑：伊斯兰建筑注重几何图案和阿拉伯式装饰，强调对称和平衡。清真寺的设计常常以穹顶和尖塔为主要元素。

（三）跨文化设计的挑战与机遇

1. 文化差异带来的挑战

审美观念的不同：不同文化对美的定义存在差异，设计中的审美观念可能被误解或不被接受。

功能需求的差异：不同地区的人们对于建筑的功能需求有所不同，需要在设计中进行平衡。

2. 语言和沟通的障碍

设计交流的问题：不同语言和文化背景可能导致设计团队之间的交流问题，容易出现误解和不同理解。

3. 法规和标准的不同

建筑法规的差异：不同国家的建筑法规和标准存在差异，设计需要遵循当地法规，可能需要额外的适应性工作。

4. 文化融合带来的机遇

创新的可能性：跨文化设计可以激发创新，将不同文化的元素融合在一起，创造出独特而富有创意的建筑。

文化交流的契机：通过设计中的文化元素，建筑可以成为文化交流的媒介，促进不同文化之间的理解和融合。

（四）跨文化设计的最佳实践

深入了解文化：设计团队在开始跨文化设计前，需要深入了解目标文化，包括宗教、传统、价值观等方面的信息，以确保设计符合当地文化。

开展文化交流：跨文化设计需要建立良好的沟通渠道，设计团队应积极与当地专业人士、社区居民进行交流，了解他们的需求和期望。

融合而非同化：成功的跨文化设计不是简单的文化同化，而是在尊重和保留传统文化的基础上，巧妙地融入现代元素，形成独特的设计语言。

遵循当地法规：跨文化设计需要充分遵循当地的法规和标准，确保设计方案符合当地的建筑法规，避免后期的法律纠纷。

参与当地社区：将当地居民纳入设计的过程中，听取他们的意见和建议，使设计更贴近当地人的生活和文化需求。

（五）未来展望

未来，随着全球化的不断深入和文化交流的增加，跨文化设计将成为建筑领域中的重要趋势。一方面，人们对于文化多样性的追求将推动设计

师更加关注和尊重不同文化的表达方式；另一方面，随着科技的发展，设计团队将更容易获取并应用跨文化设计所需的信息，促进设计的创新和多元化。

在未来，建筑不再是单一文化的代表，而是多元文化共存的产物。设计师将更加注重在设计中融入当地文化的特色，使建筑更具包容性、亲和性，为人们创造更丰富多彩的空间体验。跨文化设计将成为一个创新的源泉，不断推动建筑行业向前发展，同时也为促进文化多样性和社会和谐作出贡献。

二、QFD 在跨文化团队中的应用与挑战

在当今全球化的背景下，跨文化团队的兴起成为常态。QFD 作为一种质量管理工具，其在跨文化团队中的应用面临着独特的挑战和机遇。本书将深入探讨 QFD 在跨文化团队中的应用，以及可能面临的挑战，并提出相应的解决策略。

（一）QFD 在跨文化团队中的应用

促进团队沟通：QFD 的应用强调团队成员之间的沟通和协作。在跨文化团队中，通过 QFD 的工具，成员可以更清晰地理解彼此的需求、期望和工作方式，促进沟通。

整合多元化视角：跨文化团队涵盖不同文化背景的成员，他们可能对产品或服务有不同的看法和需求。QFD 可以帮助团队整合这些多元化的视角，确保在设计过程中考虑到各种文化的特点。

提高团队的创造力：QFD 通过促进创新的思考和设计，有助于跨文化团队激发创造性思维。各个文化的不同经验和观点可以被整合到产品或服务的设计中，提高创造力和竞争力。

确保质量和满意度：QFD 的目标是将顾客需求直接转化为产品或服务的设计特性，以确保最终产品符合市场的期望，提高质量和顾客满意度。

（二）QFD 在跨文化团队中可能面临的挑战

语言和沟通障碍：跨文化团队中，语言差异可能导致沟通不畅，影响 QFD 的有效运作。特别是在翻译 QFD 矩阵时，需要确保准确传达每个成员的意图。

文化差异导致的理解偏差：不同文化对于抽象概念、颜色、符号等的理解可能存在差异，这可能导致在 QFD 过程中的误解或不同的解释。

价值观的冲突：不同文化之间存在着不同的价值观和信仰，这可能在 QFD 的过程中引发团队成员之间的冲突，影响团队的协作。

工作时间和地理分布：跨文化团队通常涉及不同地区和时区的成员，工作时间和地理分布的差异可能导致 QFD 的进程受到影响，需要更有效的协调和管理。

（三）QFD 在跨文化团队中的应对策略

建立明确的沟通渠道：设立明确的沟通渠道，确保信息的准确传递。采用可视化的方式，如图表、图像等，以弥补语言差异可能带来的理解偏差。

文化培训和教育：在跨文化团队中，进行文化培训和教育是至关重要的。团队成员需要了解彼此的文化背景，理解文化差异可能对工作产生的影响，以更好地协同工作。

跨文化沟通技能培训：为团队成员提供跨文化沟通技能培训，包括交际礼仪、文化意识等方面的知识。这有助于降低沟通障碍，提高团队的协同效率。

多元文化团队管理：设立专门的多元文化团队管理人员，负责解决文化差异可能带来的冲突，协调团队的工作，促进良好的合作氛围。

采用在线协作工具：利用现代科技，采用在线协作工具，帮助跨时区和地理分布的团队成员实时合作。这有助于解决地理障碍可能带来的协同问题。

定期团队会议：定期组织团队会议，让团队成员有机会直接交流，解决可能存在的问题，增强团队凝聚力。

（四）跨文化团队中的QFD最佳实践

共同制定规范和标准：跨文化团队中，制定共同的规范和标准非常重要。在QFD的应用中，明确团队成员的工作准则、沟通方式、文件格式等，有助于提高工作效率。

设立文化代表：在团队中设立文化代表，负责解释和协调文化差异可能引起的问题。文化代表可以起到沟通的桥梁作用，促进团队成员之间更好的理解。

使用多语言支持工具：在QFD的过程中，使用多语言支持工具有助于解决语言差异可能带来的问题。这样可以确保在翻译和交流中尽量减少失误。

强调团队的共同目标：在QFD的应用中，强调团队的共同目标和价值，使得团队成员更加关注共同的目标，减少文化差异可能带来的分歧。

在跨文化团队中应用QFD，既是一种挑战，也是一种机遇。通过充分认识并解决文化差异可能带来的问题，QFD可以成为跨文化团队合作的有力工具，推动产品和服务的设计更好地满足全球市场的需求。采取适当的策略和最佳实践，跨文化团队在QFD的应用中可以实现更高效、更创新的团队协作。

第六节　未来建筑质量管理中的新问题

一、社会、政治、环境变化对建筑的影响

建筑作为人类活动的产物，受到社会、政治和环境变化的深刻影响。社

会的价值观变迁、政治体制的演变以及环境问题的凸显，都对建筑行业提出了新的挑战和机遇。本书将深入探讨社会、政治、环境变化对建筑的影响，以及在这一背景下可持续设计的未来展望。

（一）社会变化对建筑的影响

多元文化的崛起：随着全球化的发展，社会变得越来越多元化。建筑需要考虑不同文化的需求，因此在设计中融入多元文化元素变得愈发重要。建筑不再是单一文化的代表，而是体现着多元文化共存的精神。

人口结构的变化：随着人口结构的演变，对建筑的需求也发生了变化。老龄化社会的崛起使得对于无障碍设计、医疗设施等的需求增加，而年轻一代则更注重灵活性和社交性，对共享空间和创新性设计有更高的期望。

数字化和智能化需求：社会信息化程度的提升促使建筑向数字化和智能化方向发展。智能家居、智能办公楼等应运而生，建筑需要适应人们对数字化生活的追求，提供更加智能化的环境。

（二）政治变化对建筑的影响

政策法规的调整：政治体制变迁常常伴随着建筑领域政策法规的调整。新的政策可能推动绿色建筑、可再生能源应用等方面的发展，影响建筑的设计和施工标准。

城市规划的变革：政治决策对城市规划有深远的影响。推动城市可持续发展的政策可能会引导建筑向低碳、高效能源利用的方向发展。例如，城市绿化、交通规划等都可能受到政治决策的调整。

社会公平和包容性的要求：政治变革通常伴随着对社会公平和包容性的强调。这对建筑行业提出了更高的要求，建筑需要考虑到不同社会群体的需求，包括无障碍设施、社会公共空间等。

（三）环境变化对建筑的影响

气候变化的挑战：气候变化对建筑的设计和材料选择提出了新的挑战。极端天气事件的增加，要求建筑具备更好的抗灾能力，采用可持续材料和设计理念，以减缓气候变化对建筑的负面影响。

资源可持续利用的压力：资源的有限性使得建筑必须更加关注可持续性。采用可再生材料、能源效率高的设计、废弃物的再利用等成为建筑行业迫切需要解决的问题。

生态环境的保护：环境问题的突出使得建筑需要更加注重生态环境的保护。绿色建筑、生态园区等的概念逐渐崭露头角，建筑需要在设计中积极融入对自然的尊重。

（四）可持续设计的未来展望

绿色建筑与生态城市：可持续设计将更加注重绿色建筑的发展，建筑不再是简单的耗能体，而是能源的生产者和环境的改善者。生态城市的概念将得到更加广泛的应用，建筑将与城市规划更加紧密地结合。

循环经济的推动：可持续设计将促进建筑行业向循环经济方向发展。建筑材料的再生利用、建筑废弃物的合理处理将成为建筑行业可持续性发展的重要方向。

智能技术与建筑融合：随着科技的不断发展，智能技术将更广泛地融入建筑设计中。智能建筑将具备自主学习、自适应环境、能源智能管理等功能，以提高建筑的效率和环境适应性。

社会创新与建筑设计：可持续设计将更加关注社会创新。建筑不仅是空间的提供者，更是社会互动和创新的平台。建筑将积极融入社区，成为社会创新的支持者，推动社会的可持续发展。

共享经济与建筑利用率的提升：可持续设计将促使建筑更好地适应共享经济的发展。例如，共享工作空间、共享住宅等概念将推动建筑的多功能化

和灵活性，提高建筑利用率，减少资源浪费。

全球化与文化多样性：随着全球化的加深，建筑设计将更加注重融合不同文化的元素。建筑师需要更敏感地理解和尊重各种文化的特色，创造能够包容多元文化的建筑空间。

数字化设计与建筑生命周期管理：数字化技术将进一步改变建筑设计的方式。BIM 等数字化工具将在建筑生命周期的各个阶段发挥重要作用，从设计到施工再到运营，实现全过程的信息化管理。

教育与培训的重要性：可持续设计的未来将需要更多的专业人才，因此教育与培训的重要性将凸显。建筑专业的教育需要更加注重可持续设计的理念和实践，培养具备全球视野和可持续意识的建筑师和设计者。

社会、政治和环境的变化对建筑行业产生了深远的影响，同时也为可持续设计提供了更多的发展机遇。面对社会的多元化、政治决策的调整，以及环境问题的突出，建筑行业需要更加灵活和创新。可持续设计作为应对这些变化的手段之一，不仅关注建筑的效能和美学，更注重其对社会、环境的积极贡献。

未来，随着科技的不断进步和人们对可持续生活方式的追求，建筑将更加注重生态环保、社会互动、文化融合和数字化管理。可持续设计将不再是一种单一的标准，而是一个多维度、全方位的理念，将建筑打造成为适应未来社会需求的有机组织，为人们提供更加舒适、安全、健康、智能的居住和工作空间。建筑行业在社会、政治和环境变化中不断演进，可持续设计将引领未来建筑的发展方向，为我们创造更美好的生活环境。

二、QFD 未来在解决新问题中的潜在作用

随着时代的变迁和技术的飞速发展，未来社会面临着新的、更为复杂的问题。本书将探讨 QFD 在未来解决新问题方面的潜在作用，着重于 QFD 方法如何应对新兴挑战和推动创新。

（一）未来社会面临的新问题

科技与人类生活融合：随着人工智能、物联网和大数据等技术的不断发展，未来社会将更加数字化和智能化。这对产品和服务的设计提出了更高的要求，需要更好地满足人们的数字化生活需求。

全球化和跨文化交流：全球化将人们连接在一起，不同文化的交流变得更为频繁。在这样的背景下，产品和服务的设计需要更好地适应不同文化和地域的需求，考虑到全球用户的多样性。

气候变化和环境可持续性：环境问题越发凸显，社会对可持续发展的需求日益增长。未来的产品设计需要更注重环保、能源效率和循环利用，以减缓对地球的不利影响。

老龄化社会的挑战：许多国家正经历人口老龄化的趋势。这对产品和服务的设计提出了新的要求，需要考虑到老年人的需求，包括医疗服务、智能辅助等方面。

新兴健康挑战：全球范围内新兴健康问题的涌现，如传染病的暴发、心理健康问题等，将对医疗服务和相关产品的设计提出更高的要求。

（二）QFD 在解决新问题中的潜在作用

更全面的用户参与：未来社会对产品和服务的需求更加多元化和个性化。QFD 通过引入各方利益相关者，包括终端用户、行业专家和利益相关方，实现更全面、更深入的用户参与。这有助于捕捉到更为细致和具体的用户需求。

创新和快速迭代：面对快速变化的社会需求，产品和服务的创新变得尤为关键。QFD 的迭代过程可以帮助团队快速响应变化，及时调整设计方向，确保产品或服务始终保持与用户需求的一致性。

全球化需求的整合：随着全球化的发展，产品和服务面临来自不同文化和地域的需求。QFD 可以帮助团队在设计过程中整合全球化需求，确保产

品或服务在全球范围内具有竞争力。

可持续性的考量：面对气候变化和可持续性的挑战，QFD 可以在设计阶段引入环境影响评估，帮助团队选择更环保、更可持续的设计方案。这有助于建立对环境友好的产品和服务。

社会参与和反馈：对于老龄化社会和新兴健康挑战，QFD 可以通过社会参与和反馈机制，更好地了解用户的特殊需求。通过与医疗专业人士、社会工作者等的合作，设计更贴合实际需求的产品和服务。

（三）QFD 在未来发展中可能面临的挑战

复杂问题的处理：未来社会问题可能更为复杂，需要更多的交叉学科和跨领域的知识。QFD 在处理这些复杂问题时，可能需要更灵活的方法和更多的协同工作。

快速变化的需求：随着社会的快速变化，用户需求也在不断演变。QFD 需要更敏捷的方法，以便及时捕捉和适应用户的新需求。

全球团队协作：面对全球化的挑战，QFD 可能需要更加强大的团队协作工具和方法，以有效地处理不同文化和时区的团队。

数字化技术的整合：未来社会将更加数字化，涉及到大量的数据和先进的技术。QFD 需要整合数字化技术，以更好地利用数据分析、人工智能等工具，提高设计的精准度和创新性。

可持续性的深入考虑：随着可持续性的日益重要，QFD 需要更深入地考虑环境和社会可持续性的问题。这可能包括更全面的生命周期评估，以及更多关于可持续材料和能源的信息。

（四）QFD 未来发展的应对策略

跨学科团队的建立：面对未来更为复杂的问题，建立跨学科团队是解决方案之一。QFD 团队可以包括工程师、设计师、社会学家、环境专家等，以应对多维度的问题。

敏捷方法的引入：引入敏捷方法，使得 QFD 的应用更灵活、更快速。这包括定期的迭代和快速的原型制作，以及根据用户反馈进行及时调整。

全球协作平台的应用：利用全球协作平台，促进不同文化和地区的 QFD 团队之间的合作。这可以通过虚拟会议、在线协作工具等方式来实现。

数字化技术的培训与整合：提供 QFD 团队成员关于数字化技术的培训，以更好地利用这些技术。同时，整合数字化技术到 QFD 的方法中，以提高效率和准确性。

可持续设计的专业知识培训：面对可持续性的挑战，培训 QFD 团队成员具备更深入的可持续设计专业知识。这包括对环境影响评估、绿色材料的了解等方面的培训。

QFD 作为一种有效的质量管理方法，未来在解决新问题方面具有潜在的巨大作用。通过更全面的用户参与、创新和快速迭代、全球化需求的整合、可持续性的考虑，以及社会参与和反馈，QFD 可以帮助团队更好地应对未来社会面临的复杂问题。

然而，QFD 在未来发展中也可能面临一系列挑战，包括问题的复杂性、快速变化的需求、全球团队协作的挑战、数字化技术的整合问题，以及可持续性的深入考虑。为了应对这些挑战，跨学科团队的建立、敏捷方法的引入、全球协作平台的应用、数字化技术的培训与整合，以及可持续设计的专业知识培训等应对策略是必不可少的。

总体而言，QFD 在未来将继续发挥关键作用，为团队创新、产品设计和解决未来社会面临的问题提供强有力的支持。通过不断适应新的挑战和整合新的技术，QFD 将持续推动质量管理的发展，助力社会的可持续发展。

第六章 可持续性与绿色建筑质量管理

第一节 可持续性理念与建筑质量

一、可持续建筑的概念与特点

在面临全球环境问题和资源稀缺的挑战下，建筑行业日益关注可持续性发展。可持续建筑是一种通过合理利用资源、降低环境影响、提高社会效益的设计、建造和运营方式。本书将深入探讨可持续建筑的概念、特点以及其在促进环保和社会可持续性方面的重要性。

（一）可持续建筑的概念

定义：可持续建筑，又称绿色建筑或生态建筑，是一种在设计、建造和运营过程中充分考虑资源利用效率、环境保护和人类舒适性的建筑方式。其目标是最大程度地降低对环境的负担，同时创造有益的社会、经济效益。

原则：可持续建筑的设计原则涉及多个方面，包括能源效率、水资源管理、材料选择、室内环境质量、健康与舒适性、社会公平等。这些原则共同构成了建筑在全生命周期内的可持续性。

全生命周期考虑：可持续建筑注重从建筑设计、建造到运营的全生命周期，包括建筑的使用阶段、拆除阶段，以及建筑材料的生产、运输、使用和废弃阶段。通过综合考虑这些方面，可持续建筑追求最小化对环境和资源的影响。

（二）可持续建筑的特点

能源效率：可持续建筑致力于提高能源效率，减少对非可再生能源的依赖。采用高效隔热材料、可再生能源系统（如太阳能、风能系统）等，以最小化建筑的碳足迹。

水资源管理：在水资源紧缺的情况下，可持续建筑采取措施降低用水量，包括收集雨水、使用低流量水龙头、实施灌溉系统的节水措施等。

材料选择：可持续建筑选择环保材料，包括回收材料、可再生材料、低污染材料等。此外，减少对有毒材料的使用，通过循环经济理念提倡材料的再利用。

室内环境质量：关注居住者的健康和舒适度，可持续建筑提供优质的室内空气，采用环保的涂料、材料，最大程度减少挥发性有机化合物的释放。

自然通风与采光：最大化利用自然资源，可持续建筑设计注重自然通风与采光，减少对人工照明和通风系统的依赖，提高建筑的自然环境适应性。

生态景观设计：不仅关注建筑本身，可持续建筑还注重周围环境的生态景观设计，包括植被、雨水花园等，以提升生态系统的健康。

社会责任：可持续建筑注重社会责任，包括提供无障碍设施、社会平等、员工福利等方面。通过关注社会可持续性，建筑不仅为环境作出贡献，也为社区和居住者带来积极影响。

透明度与教育：可持续建筑强调对建筑设计的透明度，向公众传达建筑的环保特点。此外，可持续建筑鼓励教育和培训，以提高人们对可持续生活方式的认识。

（三）可持续建筑的重要性

环境保护：可持续建筑的推广有助于减缓气候变化、保护生物多样性和

维护生态平衡。通过降低能源消耗、减少废弃物的排放，可持续建筑为环境保护提供了有效的手段。

资源节约：可持续建筑在材料使用和资源管理方面的特点有助于减少对自然资源的过度开采。通过采用回收材料和循环利用的原则，可持续建筑促进了资源的可持续利用。

经济效益：虽然初期建设成本可能较高，但可持续建筑在长期运营中通常能够带来显著的经济效益。能源节约、水资源管理、减少维护成本等方面的优势，使得可持续建筑更具经济可行性。

人居健康：可持续建筑关注室内环境质量，创造更健康、更舒适的居住环境。良好的室内空气质量、自然采光和舒适的温度条件有助于提高居住者的生活质量和工作效率。

社区互动：可持续建筑通过社区景观设计、社会责任等措施，促进社区的互动与发展。社区居民参与建筑可持续性的过程，强化了社区凝聚力和共同责任感。

法规遵从：随着对环境和资源的法规日益加强，可持续建筑符合和遵守这些法规，有助于降低建筑业者可能面临的法律风险。

品牌形象：对可持续发展的关注已经成为企业形象的一部分。选择可持续建筑设计不仅满足了环保和社会责任的要求，还提升了企业的品牌形象和社会声誉。

（四）可持续建筑的实际应用案例

One Central Park，悉尼，澳大利亚：由建筑师让·努维尔和植物学家帕特里克·布兰科利共同设计的 One Central Park 项目是一个典型的可持续建筑案例。其特点包括太阳能供能、雨水收集系统、垂直绿植墙等，致力于打造一个生态友好、资源节约的住宅社区。

Bullitt Center，西雅图，美国：Bullitt Center 是全球公认的零排放、零能耗的可持续建筑典范。其采用了大量的太阳能电池板、雨水收集系统、超高效的能源系统等，致力于实现零碳、零排放的目标。

The Edge，阿姆斯特丹，荷兰：The Edge 是一座标志性的办公建筑，以其创新性的设计和高度的可持续性而闻名。建筑配备了太阳能面板、智能照明和空调系统、可回收材料等，为员工提供了一个环保、高效的工作环境。

（五）未来可持续建筑的发展趋势

智能技术的整合：未来可持续建筑将更加注重智能技术的应用，包括智能能源管理系统、智能照明和温控系统等，以提高建筑的运营效率和用户体验。

生态城市规划：随着城市化的不断推进，未来可持续建筑将更多地融入到生态城市规划中。建筑与城市基础设施的协同发展将成为发展的趋势，以实现资源的共享和最优利用。

碳中和与循环经济：未来可持续建筑将更加注重碳中和，采用更多的可再生能源，减少对化石燃料的依赖。同时，循环经济理念将更深入地应用于建筑材料的选择和使用。

人工智能与大数据分析：人工智能和大数据分析将用于建筑运营的优化，包括能源消耗预测、设备维护的智能化等方面，以提高建筑的整体效益。

社会共享与多功能性设计：未来可持续建筑将更注重社会共享和多功能性设计，以适应不同居住者和使用需求。建筑空间的灵活性将成为设计的关键因素。

可持续建筑作为应对全球环境和资源挑战的重要手段，通过强调能源效率、资源节约、社会责任等方面的特点，为建筑行业注入了新的发展动力。在未来，随着科技的发展和社会的变革，可持续建筑将继续迎来新的发展趋势，从智能技术的整合到生态城市规划的推进，都将为建筑行业带来更为可持续的未来。通过不断的创新和实践，可持续建筑将在全球范围内推动环保、社会责任和经济效益的共同实现。

二、QFD 对可持续建筑的支持

在全球可持续发展的背景下，可持续建筑作为一种以降低环境影响、提高资源利用效率为目标的建筑方式逐渐受到关注。QFD 作为一种系统性的质量管理方法，通过将顾客需求转化为产品或服务的设计特性，为各行业提供了有力的支持。本书将深入探讨 QFD 在可持续建筑中的应用，分析其对提升建筑可持续性的作用和优势。

（一）可持续建筑的要求与挑战

能源效率：可持续建筑要求降低能源消耗，采用可再生能源，并通过高效的能源系统提高建筑的能源利用效率。

材料选择与循环利用：使用环保、可回收、可再生的建筑材料，减少对有毒材料的依赖，倡导循环经济理念。

水资源管理：通过收集雨水、使用节水设备等方式，实现对水资源的高效利用和管理。

室内环境质量：提供良好的室内空气质量，避免使用有害物质，关注舒适度和健康性。

社会责任：考虑建筑对社会的影响，包括提供无障碍设施、关注社区需求、促进社会公平等。

（二）QFD 在可持续建筑中的应用

整合用户需求：QFD 可以帮助团队全面了解用户对可持续建筑的期望，包括能源效率、室内环境、社会责任等方面。通过 QFD 的矩阵分析，建筑团队可以更好地理解用户需求的相对重要性，有助于优先考虑对可持续性的关键要素。

权衡设计特性：在可持续建筑中，各个设计特性之间存在复杂的相互关系。QFD 通过屋顶矩阵的形式呈现这些关系，帮助团队权衡不同设计特性的利弊。例如，在提高能源效率的同时，可能会对建筑造价产生影响，QFD 可以帮助团队在不同设计特性之间找到平衡点。

确保全生命周期可持续性：可持续建筑强调全生命周期的考虑，包括设计、建造、运营和拆除阶段。QFD 的应用不仅可以指导设计阶段，还可以在后续阶段通过迭代更新设计特性，确保整个生命周期的可持续性。

支持复杂决策：在可持续建筑设计中，涉及多个利益相关者、多个设计特性，以及不同阶段的需求。QFD 提供了一个结构化的方法，有助于团队处理复杂的决策，确保各方利益得到平衡。

持续改进与创新：QFD 是一个迭代的过程，通过收集用户反馈、监测建筑性能，团队可以不断改进设计特性，推动可持续建筑的创新。QFD 的循环性质使得建筑团队能够灵活应对不断变化的可持续性标准和新兴技术。

（三）QFD 在各个可持续建筑要素中的应用

能源效率：QFD 可以帮助团队确定用户对能源效率的具体要求，例如，通过矩阵分析确定用户更关注建筑外立面的设计还是能源系统的选择。通过权衡不同要素，建筑团队可以制定出更加符合用户期望的能源效率策略。

材料选择与循环利用：QFD 可以在材料选择阶段帮助建筑团队权衡不同材料的环保性、可回收性等特性。通过 QFD 的分析，团队可以选择更符合用户期望且对环境影响较小的建筑材料。

水资源管理：QFD 在水资源管理方面的应用主要体现在收集用户需求阶段。团队可以通过 QFD 的矩阵分析确定用户对水资源管理的关切点，例如，用户更看重的是雨水收集系统还是节水设备的使用。这样的分析有助于建筑团队确定在设计中应该优先考虑的水资源管理特性，以更好地满足用户需求。

室内环境质量：QFD 可以在室内环境质量方面帮助团队明确用户的健康和舒适需求。通过对用户关切点的矩阵分析，建筑团队可以确定应该优先考虑的室内环境特性，例如，通风系统、使用环保涂料等。这有助于在设计

中更好地满足用户对室内环境的期望。

社会责任：QFD 对于社会责任的应用主要体现在确定用户社会期望的阶段。团队可以通过 QFD 的分析了解用户对社会责任的重要性，例如，用户更关心建筑是否提供无障碍设施、是否关注社区需求等。这样的分析有助于团队确定在设计中应该考虑的社会责任特性，使建筑更符合社会期望。

（四）QFD 在可持续建筑中的优势

系统性分析：QFD 提供了一种系统性的分析方法，可以将用户需求、设计特性、关联关系等方面进行综合考虑。这有助于建筑团队全面理解可持续建筑的多方面要求，从而做出更全面、更系统的设计决策。

用户导向：QFD 强调从用户需求出发，将用户的期望转化为建筑设计的具体特性。在可持续建筑中，考虑到用户对环保、舒适、社会责任的期望，QFD 有助于确保建筑更好地满足用户的需求。

权衡决策：可持续建筑设计往往涉及多个设计特性之间的权衡。QFD 通过屋顶矩阵的形式直观呈现这些关系，使得建筑团队能够更好地理解各设计特性之间的相互影响，从而做出更为合理的决策。

全生命周期考虑：可持续建筑强调全生命周期的考虑，包括设计、建造、运营和拆除阶段。QFD 的迭代过程使得建筑团队能够在全生命周期中不断优化设计，确保建筑的持续可持续性。

适应变化：可持续建筑领域的标准和技术不断发展，用户期望也可能发生变化。QFD 作为一个灵活的方法，有助于建筑团队快速适应这些变化，保持设计的前沿性和可持续性。

（五）挑战与应对策略

多元利益相关者的平衡：在可持续建筑项目中，有许多不同的利益相关者，包括业主、设计师、建筑师、居民等。QFD 需要平衡这些不同利益相关者的需求，可能需要进行更广泛的利益相关者参与和沟通。

数据不确定性：在可持续建筑设计中，有些数据可能受到不确定性的影响，例如，新技术的实际效果、材料的实际环保性等。QFD 需要考虑到这些不确定性，并在设计中留有一定的灵活性。

复杂性管理：可持续建筑设计涉及多个要素，包括能源、水资源、材料选择等，其复杂性需要进行有效的管理。QFD 需要在分析中处理这种复杂性，确保设计特性的权衡和整体一致性。

新兴技术的整合：随着科技的发展，新兴技术不断涌现，如智能建筑系统、可再生能源技术等。QFD 需要及时整合这些新兴技术，使其成为设计特性的一部分。

QFD 作为一种系统性的质量管理方法，在可持续建筑中展现出了明显的优势。通过整合用户需求、权衡设计特性、全生命周期的考虑等方面，QFD 有助于建筑团队更全面、更系统地应对可持续建筑的各项要求。然而，在应用 QFD 时需要注意处理多元利益相关者的平衡、应对数据不确定性、管理复杂性，以及及时整合新兴技术等挑战。通过充分发挥 QFD 的优势，可以更好地推动可持续建筑的发展，实现对环境、社会和经济的共同贡献。

（六）未来发展方向

数字化与智能化：未来可持续建筑设计将更加数字化和智能化。QFD 可以与 BIM 等数字化工具结合，实现对设计特性的更精细化分析和优化，同时利用人工智能技术帮助团队做出更明智的决策。

综合性能评估：随着可持续建筑的普及，团队将越来越关注建筑的整体性能。QFD 可以发展为更综合的性能评估工具，不仅关注单一设计特性，更注重整体性能的提升，以满足不断提升的可持续性标准。

社会参与与透明度：未来可持续建筑设计将更加注重社会参与和透明度。QFD 可以通过引入更广泛的社会参与，包括公众的意见和期望，从而更好地反映社会对可持续建筑的需求，提高设计的社会接受度。

全球化视野：随着全球化的推进，建筑项目通常涉及多个国家和文化。QFD 可以在跨文化团队中发挥重要作用，帮助团队理解不同文化对可持续建筑的期望，促使设计更具有全球适用性。

监测与反馈机制：未来可持续建筑需要建立更为完善的监测与反馈机制，以实现建筑设计的动态调整。QFD 可以与先进的数据分析技术结合，实现对建筑性能的实时监测，为后续设计提供更精准的反馈信息。

QFD 在可持续建筑中的应用为建筑团队提供了系统性和用户导向的设计方法。通过将用户需求转化为具体的设计特性，并利用屋顶矩阵分析各特性之间的关联，QFD 帮助团队更好地权衡设计决策、适应全生命周期的要求。未来，随着可持续建筑的不断发展和全球可持续性标准的提高，QFD 有望在建筑设计中发挥更为重要的作用。建筑团队可以通过不断创新和改进 QFD 方法，更好地应对新的挑战，推动建筑行业向更可持续的方向发展。

第二节　绿色建筑质量管理的重要性

一、绿色建筑对环境的影响

在全球可持续发展的背景下，绿色建筑作为一种以降低环境影响、提高资源利用效率为目标的建筑方式逐渐崭露头角。绿色建筑以其注重能源效率、材料环保、生态系统保护等特点，被认为是可持续建筑的典范。本书将深入探讨绿色建筑对环境的影响，从能源利用、材料选择、生态系统保护等方面进行全面分析。

（一）能源效率与减排效应

能源效率的提高：绿色建筑注重利用先进技术和设计理念，以最小化能源消耗。通过使用高效隔热材料、智能能源管理系统等，绿色建筑能够减少对传统能源的依赖，提高能源利用效率。

减少温室气体排放：绿色建筑的能源效率提高导致对传统能源的需求减少，从而减少了与能源生产和使用相关的温室气体排放。绿色建筑通过采用可再生能源、减少建筑运营阶段的能源消耗，有助于降低建筑行业对气候变化的贡献。

智能系统的运用：绿色建筑中智能系统的运用使得建筑能够根据使用情况进行智能调控，最大程度地避免不必要的能源浪费。例如，智能照明系统、智能空调系统等可以根据室内环境和人员活动实时调整能源消耗。

（二）材料选择与循环利用

环保材料的应用：绿色建筑注重使用环保、可再生、可回收的建筑材料。这包括使用木材的可持续采伐、利用再生钢铁等。通过选择环保材料，绿色建筑在建造阶段降低了对有害资源的依赖。

减少建筑垃圾：绿色建筑强调循环经济理念，通过在设计和施工阶段最大化利用建筑材料，降低浪费。同时，绿色建筑鼓励建筑材料的拆卸和再利用，减少了建筑拆除产生的垃圾。

碳足迹的降低：由于使用环保材料和采用循环利用的原则，绿色建筑在整个生命周期中减少了碳排放。尤其是在材料生产、运输、施工等阶段，通过减少对高碳排放材料的使用，绿色建筑有效降低了碳足迹。

（三）生态系统保护与绿化效应

生态系统的恢复与保护：绿色建筑在设计中考虑生态系统的保护，尽量减少对周围自然环境的干扰。通过合理规划建筑位置、保留自然景观、减少土地开垦等措施，绿色建筑有助于促进生态系统的恢复与保护。

雨水利用与水资源保护：绿色建筑通过收集、过滤和利用雨水，减少了对传统供水系统的依赖。这有助于降低城市雨洪对水体的污染，并保护自然

水资源。

绿化效应的提高：绿色建筑通常注重绿化设计，通过种植植被、建造绿化屋顶、墙壁等方式，提高了建筑周围的绿化效应。这有助于改善城市环境，吸收空气中的有害物质，提供更好的生活质量。

（四）社会效益与健康影响

改善居住环境：绿色建筑注重舒适性和人居环境的提升。采用自然采光、良好的通风系统等设计手段，改善了居住者的居住环境，为其提供更为舒适的居住体验。

提高员工生产力：在绿色建筑的办公环境中，通常能够提供更好的室内空气质量和舒适性。这有助于提高员工的工作效率和生产力，同时减少因室内环境导致的健康问题，如过敏、呼吸道疾病等。

社区参与与社会责任：绿色建筑通常注重社区参与和社会责任。通过与社区合作，绿色建筑能够更好地满足当地社区的需求，并促进社区的可持续发展。例如，建设公共绿地、提供社会服务设施、支持当地就业等举措，都是绿色建筑对社区的积极贡献。

健康影响的减弱：绿色建筑通过采用低挥发性有机物的建筑材料、提供良好的室内空气质量等手段，降低了建筑内部的污染程度，有助于减弱居住者的健康影响。这对于减少室内空气污染导致的呼吸问题、过敏等疾病具有积极意义。

（五）经济效益与长期投资回报

能源成本的降低：尽管绿色建筑在建造初期可能投资较高，但由于其强调能源效率，可以在建筑运营阶段大幅降低能源成本。长期来看，这将为建筑业主带来显著的经济效益。

提升建筑价值：绿色建筑通常在市场上更受欢迎，因为它们符合环保理念，并满足了不同层次的用户对于健康、舒适和可持续性的需求。因此，绿色建筑在市场上更容易得到认可，提升了建筑的价值。

降低运营成本：绿色建筑通过采用先进的节能技术、自动化系统等，可以降低建筑的运营成本。这包括减少维护费用、延长设备寿命等方面，为建筑的长期经济可行性提供了支持。

符合法规与激励政策：随着对环保的日益重视，许多地区制定了鼓励或要求绿色建筑的法规和政策。选择绿色建筑不仅有助于企业遵守相关法规，还可能获得一些政府提供的激励措施，如税收减免、融资支持等。

（六）挑战与改进方向

初始投资成本较高：尽管绿色建筑在长期运营中能够实现经济效益，但初始投资成本通常较高，可能成为一些开发者的阻碍。未来的改进方向之一是进一步降低绿色建筑的初始投资，推动其更广泛的应用。

技术创新的需要：随着科技的发展，新的绿色建筑技术不断涌现。建筑行业需要不断创新，整合先进技术，以提高绿色建筑的性能、降低成本，并推动行业的可持续发展。

教育与认知：对绿色建筑的认知程度在一些地区仍然较低。加强对公众、业主、开发者的教育与宣传，提高他们对绿色建筑的认知水平，有助于推动绿色建筑的普及。

标准和认证的一致性：绿色建筑领域存在不同的认证标准和评估方法，这可能导致建筑项目难以进行公正的比较。建立更为一致的绿色建筑标准和认证体系，有助于提高行业的透明度和可比性。

绿色建筑对环境的影响体现在多个方面，从能源效率、材料选择到生态系统保护和社会效益，都呈现出积极的趋势。它不仅有助于减缓气候变化、改善生态环境，还为经济、社会和个人带来了多方面的好处。尽管绿色建筑面临一些挑战，但通过技术创新、教育宣传和标准一致性的提高，可以进一步推动绿色建筑的发展，使其在未来发挥更为重要的作用。建筑行业和社会各界应共同努力，共建绿色建筑的美好未来。

二、QFD 在绿色建筑中的角色

QFD 作为一种系统性的质量管理方法，已在多个领域取得成功应用。在绿色建筑领域，QFD 的运用为建筑团队提供了一种系统性和用户导向的设计方法。本书将深入探讨 QFD 在绿色建筑中的角色，分析其在需求获取、设计特性确定、关联分析等方面的作用，以及在绿色建筑中的优势和挑战。

（一）QFD 在需求获取中的作用

用户需求的系统性整理：在绿色建筑项目中，了解用户需求是至关重要的一步。QFD 通过建立战略矩阵，将用户需求转化为具体的设计特性，有助于建筑团队系统性地整理和理解用户的期望。

权衡不同用户需求：绿色建筑项目涉及多个利益相关者，包括业主、设计师、居住者等。QFD 通过对需求的分析，帮助团队权衡不同用户群体的需求，确保设计特性能够满足多方利益。

引入环保和可持续性需求：QFD 在需求获取阶段能够有效引入环保和可持续性方面的用户需求。通过对用户对绿色、节能、环保等方面的期望进行明确整理，有助于将这些方面纳入到设计的考虑范围。

（二）QFD 在设计特性确定中的作用

转化用户需求为具体设计特性：QFD 通过屋顶矩阵的建立，将用户需求转化为具体的设计特性。例如，在用户关注能源效率的情况下，QFD 可以帮助团队确定采用太阳能发电系统、高效隔热材料等具体的设计特性。

设定设计特性的优先级：绿色建筑项目往往有限的资源和预算，需要团队明确各设计特性的优先级。QFD 通过综合考虑用户需求的重要性和设计特性之间的关联性，帮助团队设定合理的设计特性优先级。

全生命周期考虑：绿色建筑注重全生命周期的可持续性，QFD 通过将设计特性延伸到建筑的整个生命周期，有助于团队在设计中考虑到建筑的使用、运营和拆除阶段的各种需求。

（三）QFD 在关联分析中的作用

设计特性之间的权衡：绿色建筑设计涉及多个设计特性，例如能源效率、材料选择、生态系统保护等。QFD 通过屋顶矩阵的分析，帮助团队理解这些设计特性之间的关联关系，从而进行有效的权衡和决策。

风险的评估与管理：在绿色建筑设计中，一些设计特性可能涉及一定的风险，例如新技术的可行性、环保材料的供应问题等。QFD 在关联分析中有助于团队对这些风险进行评估和管理，确保设计的可行性和稳健性。

优化设计方案：QFD 通过对设计特性之间的关联关系进行分析，有助于团队在设计阶段不断优化方案。例如，通过调整某一设计特性，可能会对其他设计特性产生积极或负面的影响，QFD 能够帮助团队找到最优的平衡点。

（四）QFD 在优势与挑战中的角色

系统性分析：QFD 作为一种系统性的方法，有助于建筑团队从全局的角度分析和理解绿色建筑项目。它能够将用户需求、设计特性、关联关系等综合考虑，确保设计的全面性和一致性。

用户导向：QFD 强调从用户需求出发，将用户的期望转化为具体的设计特性。在绿色建筑中，这有助于确保设计更符合用户对环保、舒适、可持续性的期望。

权衡决策：绿色建筑设计涉及多个设计特性之间的权衡，QFD 通过屋顶矩阵等工具，使得建筑团队能够更好地理解各设计特性之间的相互影响，从而作出更为合理的决策。

全生命周期考虑：QFD 的迭代过程使得建筑团队能够在全生命周期中不断优化设计，确保建筑的持续可持续性。这对于绿色建筑的长期目标非常重要。

适应变化：绿色建筑领域的标准和技术不断发展，用户期望也可能发生变化。QFD 作为一个灵活的方法，有助于建筑团队快速适应这些变化，保持设计的前沿性和可持续性。

（五）QFD 在改进方向中的角色

技术创新的引入：随着绿色建筑领域的技术不断发展，QFD 有助于引入新的技术创新。通过在矩阵中添加新的设计特性，团队可以评估新技术对用户需求的影响，从而更好地应对行业的变革。

教育和培训：QFD 的有效运用需要团队对该方法的深入理解和熟练运用。在绿色建筑团队中，通过对团队成员进行培训，提高他们对 QFD 的认识和应用水平，有助于更有效地利用该方法。

标准和认证体系的完善：绿色建筑领域的标准和认证体系目前仍然存在一些不一致性。QFD 有助于团队明确设计特性和标准之间的关系，从而为行业建立更为一致的认证体系提供支持。

社会参与与多元化：QFD 的一个关键特点是引入多方利益相关者的意见。在绿色建筑中，通过更广泛地引入社会参与，包括公众、非政府组织等，有助于 QFD 更全面地反映社会对于绿色建筑的期望。

QFD 在绿色建筑项目中的应用发挥着重要的角色，为建筑团队提供了一种系统性、用户导向的设计方法。通过在需求获取、设计特性确定、关联分析等方面的运用，QFD 有助于团队更好地理解用户需求，转化为可实施的设计特性，并在设计中进行全面的权衡和决策。

然而，QFD 的应用也面临一些挑战，包括初始的学习曲线、对新技术的适应、多方利益相关者的有效整合等。通过不断改进 QFD 方法的灵活性、推动团队的培训和教育，以及促进社会参与，可以更好地发挥 QFD 在绿色建筑中的作用，推动可持续建筑的发展。在未来，随着绿色建筑标准的不断提高和社会对可持续性的追求，QFD 有望继续在绿色建筑领域中发挥更为重要的作用。

第三节　QFD 在绿色建筑中的应用

一、QFD 方法在绿色建筑设计中的具体实践

随着社会对可持续性和环保的日益关注，绿色建筑设计成为建筑行业的重要趋势。在这一背景下，QFD 方法作为一种系统性的质量管理工具，为绿色建筑设计提供了有效的方法和手段。本书将深入研究 QFD 在绿色建筑设计中的具体实践，包括需求获取、设计特性确定、关联分析等方面的应用，以及实际案例的分析。

（一）需求获取阶段的实践

用户需求调查与整理：在绿色建筑设计的起始阶段，团队通过 QFD 方法进行用户需求的系统性调查。这可能包括与潜在业主、设计师、居住者等多方利益相关者的沟通。通过问卷调查、面对面访谈等手段，获取各方对于绿色建筑的期望和需求。

战略矩阵的建立：QFD 通过建立战略矩阵将用户需求转化为具体的设计特性。例如，如果用户强调对节能的要求，这可以被转化为设计特性，如太阳能利用、高效隔热等。通过战略矩阵的建立，团队能够清晰地了解各个设计特性与用户需求的关系。

环保与可持续性需求的整理：在需求获取阶段，QFD 方法有助于团队引入环保和可持续性方面的用户需求。这可能涉及对使用环保材料、实施能源回收、减少建筑对生态系统的干扰等方面的需求。通过 QFD，这些需求可以被明确、系统地整理出来。

（二）设计特性确定阶段的实践

屋顶矩阵的建立：设计特性的确定阶段通常涉及到建立屋顶矩阵。该矩阵用于将用户需求转化为实际的设计特性，以及为这些设计特性分配权重和优先级。例如，如果用户强调对室内空气质量的关注，设计特性可能包括采用低挥发性有机化合物材料、实施良好的通风系统等。

设计特性的优先级排序：QFD 方法通过综合考虑用户需求的重要性和设计特性之间的关联性，帮助团队设定设计特性的优先级。这有助于确保在设计过程中，团队能够集中精力满足最为关键的用户需求，从而更好地达到项目的整体目标。

全生命周期考虑：绿色建筑注重全生命周期的可持续性。在设计特性确定阶段，QFD 有助于将设计特性延伸到建筑的整个生命周期。这包括从建筑材料的选择到建筑运营和最终拆除阶段的各个方面，以确保建筑在整个生命周期内都符合可持续性的原则。

（三）关联分析阶段的实践

设计特性之间的关联关系分析：在关联分析阶段，QFD 通过屋顶矩阵等工具进行设计特性之间的关联关系分析。例如，如果采用某种新的环保材料，可能对建筑外观设计、成本等方面产生影响。QFD 有助于团队全面理解这些关联关系，从而能够更好地进行权衡和决策。

风险的评估与管理：QFD 方法在关联分析中有助于团队对设计特性涉及的风险进行评估和管理。通过识别可能的风险点，团队能够提前采取相应的措施，以降低这些风险对项目的不利影响。

优化设计方案：关联分析也有助于团队不断优化设计方案。通过调整某一设计特性，可能会对其他设计特性产生积极或负面的影响。QFD 能够帮助团队找到最优的平衡点，以达到整体设计方案的优化。

（四）改进方向的实践

技术创新的引入：在设计过程中，QFD 方法有助于团队引入最新的技术创新。通过识别新技术对用户需求的影响，团队能够更好地决定是否采用这些新技术，并如何最好地整合到设计中。

团队培训与教育：针对 QFD 方法的灵活性和有效性，团队进行了培训和教育。团队成员通过培训更深入地理解 QFD 的原理和应用方法，提高了对该方法的熟练程度。

标准和认证体系的建立：在 QFD 的指导下，团队更清晰地明确了设计特性和相关绿色建筑标准之间的关系。这有助于建立更为一致的认证体系，提高项目在行业中的认可度。

社会参与与多元化：QFD 方法强调多方利益相关者的参与，因此团队主动引入了社会公众的意见。通过公开论坛、社区会议等形式，团队与公众共同讨论项目的绿色设计，确保项目符合社会的期望。

（五）QFD 在绿色建筑设计中的优势与挑战

1. 优势

系统性：QFD 提供了一种系统性的方法，能够全面考虑用户需求、设计特性之间的关系，并确保设计方案的一致性。

用户导向：通过 QFD，设计更贴近用户需求，强调用户对于绿色、可持续性等方面的期望，有助于提升用户满意度。

全生命周期考虑：QFD 有助于团队将设计特性延伸到建筑的整个生命周期，确保项目在使用、运营和拆除等各个阶段都符合可持续性的原则。

关联分析：QFD 通过屋顶矩阵等工具，有助于团队进行设计特性之间的关联分析，从而更好地进行权衡和决策。

2. 挑战

初学者学习曲线：QFD 对于初学者可能存在一定的学习曲线，需要一

些时间来理解其原理和运用方法。

新技术的适应：在绿色建筑领域，新技术层出不穷。QFD 方法需要不断适应和引入新技术，以确保设计方案的前沿性和可行性。

多方利益相关者的整合：QFD 强调多方利益相关者的参与，但在实践中可能面临整合不同利益的挑战，需要更多的沟通和协调。

QFD 在绿色建筑设计中的具体实践取得了显著成果。通过需求获取、设计特性确定、关联分析等阶段的运用，QFD 方法帮助团队更好地理解用户需求，将其转化为可实施的设计特性，并在设计中进行全面的权衡和决策。通过案例研究的实例，可以看到 QFD 在 EcoScape Tower 项目中的应用，以及其对项目的优势和挑战。

为了不断提升 QFD 在绿色建筑设计中的应用效果，团队需要关注新技术的发展，进行团队培训与教育，建立更为一致的标准和认证体系，以及促进更广泛的社会参与。QFD 作为一种强大的设计方法，将在未来继续发挥其在绿色建筑设计中的重要作用，推动行业向着更可持续、环保的方向迈进。

二、绿色建筑质量管理中的 QFD 案例

绿色建筑质量管理旨在实现建筑环境的可持续性和高效性。QFD 是一种系统性的方法，可以在绿色建筑项目中有效应用。本书将通过案例分析，深入探讨 QFD 在绿色建筑质量管理中的实际应用，包括需求获取、设计特性确定、关联分析等方面，以及其对项目质量和可持续性的影响。

（一）案例背景

GreenScape Residence 是一座位于城市中心的多功能住宅项目，旨在实现高度环保和可持续性。该项目的质量管理团队决定采用 QFD 方法，以确保项目从需求分析到设计实施的每个阶段都能够充分考虑绿色建筑原则。

（二）需求获取阶段的 QFD 应用

用户需求调查：在项目开始阶段，团队进行了广泛的用户需求调查，包括潜在业主、设计师、居住者等。通过 QFD 的方法，这些需求被整理成一个全面的需求列表。

战略矩阵的建立：QFD 通过建立战略矩阵将用户需求转化为具体的设计特性。例如，如果用户强调对可再生能源的关注，QFD 帮助团队将这一需求转化为设计特性，如太阳能供电系统、高效隔热材料等。

环保与可持续性需求的整理：QFD 在需求获取阶段有助于将环保和可持续性方面的用户需求纳入考虑范围。通过这一过程，团队能够确保项目在后续的设计中充分符合环保标准。

（三）设计特性确定阶段的 QFD 应用

屋顶矩阵的建立：利用 QFD 的屋顶矩阵，设计特性从用户需求中被明确提取。例如，如果用户对空气质量的要求较高，设计特性可能包括高效的通风系统、使用低挥发性有机化合物材料等。

设计特性的优先级排序：QFD 通过综合考虑用户需求的重要性和设计特性之间的关联性，帮助团队设定设计特性的优先级。这确保了团队能够在设计过程中更注重满足最为关键的用户需求。

全生命周期考虑：绿色建筑追求全生命周期的可持续性，QFD 有助于将设计特性延伸到建筑的整个生命周期。这包括在建筑的使用、运营和维护阶段考虑节能、环保等方面的设计特性。

（四）关联分析阶段的 QFD 应用

设计特性之间的关联关系分析：QFD 通过屋顶矩阵等工具进行设计特性之间的关联关系分析。例如，选择使用可再生能源可能对建筑外观和建筑构造产生影响。QFD 有助于团队全面理解这些关系。

风险的评估与管理：在关联分析中，QFD 方法有助于团队对设计特性涉及的风险进行评估和管理。通过提前识别潜在的风险点，团队能够制定相应的应对策略，确保项目的可行性和稳健性。

优化设计方案：关联分析有助于团队不断优化设计方案。通过调整某一设计特性，可能会对其他设计特性产生积极或负面的影响。QFD 能够帮助团队找到最优的平衡点，以实现整体设计方案的优化。

（五）优势与挑战的分析

1. 优势

全面性：QFD 方法确保项目在每个阶段都能够全面考虑用户需求和绿色建筑原则，从而提高项目的可持续性和用户满意度。

权衡决策：QFD 通过设计特性的优先级排序和关联分析，有助于团队权衡不同设计特性之间的关系，作出更为合理的决策。

全生命周期考虑：QFD 的应用使得设计特性能够贯穿建筑的整个生命周期，有助于项目在长期内保持环保和可持续性。

2. 挑战

初期学习曲线：引入 QFD 方法可能需要团队一定时间来适应和理解，存在一定的学习曲线。

新技术的融合：绿色建筑领域不断涌现新技术，QFD 需要不断适应和融合新技术，确保项目在技术上保持领先地位。

多方利益相关者的协调：QFD 强调多方利益相关者的参与，但在实际应用中可能涉及不同利益的协调和整合，需要更强的沟通和协调能力。

（六）改进方向的实践

技术创新的引入：针对绿色建筑不断发展的新技术，QFD 的实践需要团队密切关注并及时引入新技术。这可能包括太阳能、智能建筑系统等方面的创新。

团队培训与教育：为了克服 QFD 初学者学习曲线的挑战，团队应进行培训与教育。提高团队成员对 QFD 方法的理解和应用水平，以更好地应对项目需求。

标准和认证体系的建立：QFD 有助于团队明确设计特性与相关标准之间的关系。为了提高项目在行业中的认可度，团队可以进一步建立更为一致的标准和认证体系。

社会参与与多元化：在 QFD 的框架下，团队应加强社会参与，包括公众、政府、环保组织等，确保项目能够充分考虑社会的期望和需求。

QFD 在绿色建筑质量管理中的应用通过案例分析得到了深刻展示。从需求获取、设计特性确定到关联分析，QFD 确保了项目在每个阶段都能够全面考虑用户需求和绿色建筑原则。其优势在于全面性、权衡决策和全生命周期考虑，然而在初期学习曲线、新技术融合和多方利益相关者协调等方面仍存在一定挑战。

通过技术创新的引入、团队培训与教育、标准和认证体系的建立以及社会参与与多元化的推动，团队可以进一步提高 QFD 在绿色建筑项目中的应用效果。QFD 作为一种强大的工具，将在未来继续在绿色建筑领域中发挥其重要作用，推动可持续建筑的发展。绿色建筑质量管理不仅关乎项目的成功与否，更关系到对环境的尊重和未来可持续性的实现。

第四节　环保与社会责任在建筑质量管理中的体现

一、建筑企业社会责任的内涵与要求

建筑产业在全球经济中扮演着举足轻重的角色，然而，其发展过程中也伴随着一系列社会、环境和经济问题。为了应对这些挑战，建筑企业逐渐认识到承担社会责任的重要性。本书将深入探讨建筑企业社会责任的内涵与要

求，分析其对企业经营和可持续发展的影响。

（一）建筑企业社会责任的内涵

经济责任：建筑企业首要的责任是创造经济价值。这包括为股东创造回报，为员工提供合理薪酬和福利，以及遵守法律法规，保证企业的财务稳健。

社会责任：建筑企业应当关注社会福祉，积极回馈社区。社会责任包括支持当地社区项目、促进公共利益、提高就业机会等，以确保企业在经营过程中为社会作出积极贡献。

环境责任：随着可持续发展理念的兴起，建筑企业的环境责任变得尤为重要。这包括降低碳足迹、采用环保建材、推动能源效益等措施，以减轻对环境的不良影响。

职业道德责任：建筑企业应该坚守职业道德规范，维护公正、透明和廉洁的经营环境。这包括反腐、拒绝贿赂、遵循商业道德等方面的责任。

创新与科技责任：随着科技的不断发展，建筑企业有责任推动行业的创新。这涵盖采用新技术、研发环保技术、支持科技教育等方面的责任。

（二）建筑企业社会责任的要求

合规性要求：建筑企业需要遵守国家和地区的法律法规，确保企业经营的合法性。这包括税收、环境、建筑标准等方面的法规遵守。

透明度与报告要求：建筑企业应当提高经营的透明度，向股东、员工和社会公众报告企业的社会责任履行情况。透明的报告有助于建立企业的信任和声誉。

环境可持续性要求：随着社会对环境问题的关注增加，建筑企业要求在设计、施工和运营中采取可持续的做法。这可能包括能源效益、水资源管理、废弃物处理等方面的要求。

社区参与要求：建筑企业应该积极参与当地社区事务，了解社区需求，并寻找与社区共赢的合作机会。社区参与是构建企业与社会关系的关键。

员工福利和培训要求：为员工提供良好的工作条件、公正的薪酬、健康的工作环境，并提供培训和职业发展机会。员工是企业最宝贵的资源，其福祉直接关系到企业的可持续发展。

质量与安全要求：建筑企业需要确保其产品和服务的质量，并对工程项目的安全性负责。这不仅关系到企业的声誉，也直接关系到建筑物的使用安全性。

社会创新要求：建筑企业应当鼓励和支持社会创新，参与社会问题的解决。这可以通过与社会组织、非政府组织等合作，共同推动社会的进步。

（三）建筑企业社会责任的影响

品牌价值提升：履行社会责任有助于树立企业良好的品牌形象。公众更愿意支持那些对社会和环境负责的企业，从而提升企业的市场竞争力。

投资者信任度提高：在全球范围内，越来越多的投资者关注企业的社会责任履行情况。履行社会责任的企业更容易获得投资者的信任，吸引更多的投资。

员工忠诚度提升：员工更倾向于在具有社会责任感的企业工作。企业对员工福利和社会责任的关注，有助于提高员工的忠诚度和工作积极性。

法规遵从性：履行社会责任有助于企业遵守相关法规，减轻法律风险。通过遵守法规，建筑企业可以降低法律纠纷的风险，维护企业的声誉，确保可持续经营。

环境永续经营：节能减排、循环利用等环保实践不仅有助于企业降低环境影响，还有助于提高资源利用效率。这符合环境永续经营的理念，有助于企业在长期内保持竞争优势。

社区和谐发展：积极参与社区事务，支持社区项目，有助于建立企业与社区的良好关系。这不仅可以提高企业在社区内的声誉，还可以创造一个和谐稳定的经营环境。

风险管理：社会责任履行有助于企业识别、评估和管理潜在的社会、环

境和道德风险。通过及时的风险管理，企业可以更好地应对挑战，避免不利影响。

（四）建筑企业社会责任的挑战与应对

成本压力：一些企业可能认为履行社会责任会增加成本，影响盈利。应对策略包括提高效率，寻求合作伙伴，将社会责任纳入企业战略规划。

信息透明度：企业在履行社会责任时需要提高信息透明度，但这也可能导致企业内部信息泄露，引发舆论关注。应对策略包括建立透明的报告机制，确保信息披露合法合规。

多方利益平衡：社会责任涉及多方利益相关者，包括股东、员工、客户、社会公众等。企业需要在不同利益之间进行平衡，确保每个方面的关切都得到妥善处理。

长期回报：社会责任履行的成果通常是长期的，而一些企业更注重短期回报。应对策略包括教育股东和投资者，强调长期社会责任履行的重要性。

全球标准不一：不同国家和地区对社会责任的要求和标准存在差异。企业在跨国经营时需要应对不同的法规和文化，确保社会责任履行的全球一致性。

（五）未来建筑企业社会责任的发展趋势

数字化与科技创新：利用数字化技术和科技创新，建筑企业可以更精准地监测和管理社会责任的履行。智能建筑、可持续建材等科技创新也将成为未来的发展方向。

全球化视野：随着全球化的深入，建筑企业将更加注重在全球范围内的社会责任履行。跨国企业需要在不同文化和法规下寻求平衡，实现全球一体化的社会责任管理。

社会创新与可持续发展：建筑企业将更加强调社会创新，通过与社会组织、学术界等合作，解决社会问题，推动可持续发展。

员工参与与幸福感：企业将更注重员工的参与感和幸福感。通过提供更好的工作环境、发展机会，激发员工的积极性，实现共同发展。

碳中和与环保标准：随着对气候变化问题的关注不断增加，建筑企业将更加积极地推动碳中和，符合更严格的环保标准，以降低对环境的不良影响。

建筑企业社会责任的内涵与要求涉及经济、社会、环境多个方面。履行社会责任有助于提升企业的品牌价值、投资者信任度，促进员工忠诚度，降低法律风险，实现长期稳健的发展。在应对挑战时，企业需要从成本压力、信息透明度、多方利益平衡等方面寻求有效的策略。未来，建筑企业社会责任的发展趋势将更加注重数字化与科技创新、全球化视野、社会创新与可持续发展、员工参与与幸福感、碳中和与环保标准等方面。企业将在社会责任的履行中实现可持续发展，为社会、环境和自身创造更多的价值。

二、QFD 在社会责任层面的应用

随着社会责任意识的提高和可持续发展理念的普及，建筑企业越来越重视社会责任的履行。QFD 作为一种系统性的管理工具，不仅可以在产品和服务设计中发挥作用，也可以在社会责任方面提供有力支持。本书将深入探讨 QFD 在建筑企业社会责任层面的应用，包括需求获取、设计特性确定、关联分析等方面的具体实践。

（一）QFD 在社会责任需求获取中的应用

利益相关者需求识别：QFD 可以帮助建筑企业在社会责任的初期阶段，系统性地识别和分析各类利益相关者的需求。这包括股东、员工、社区、环保组织等各方利益相关者。通过 QFD 的需求获取矩阵，企业能够全面了解各利益相关者的期望，为后续的社会责任规划提供基础。

社会问题分析：在需求获取阶段，QFD 还能帮助企业对当前社会面临的问题进行分析。这包括环境污染、社会不公、资源浪费等。通过 QFD 的方法，将这些社会问题与企业的社会责任履行联系起来，为制定社会责任战

略提供有针对性的信息。

社区参与的需求获取：对于建筑企业而言，社区参与是社会责任的重要组成部分。QFD 方法可用于识别社区居民的需求和期望，包括对建筑设计的看法、对就业机会的需求等。通过社区的积极参与，建筑企业可以更好地履行其社会责任。

（二）QFD 在社会责任设计特性确定中的应用

社会责任指标的建立：利用 QFD 的屋顶矩阵，建筑企业可以将社会责任的不同方面转化为具体的设计特性。例如，将减少碳足迹、提高员工福利等社会责任指标明确化，有助于在设计中有针对性地考虑这些指标。

利益相关者权重的设定：在设计特性确定阶段，QFD 通过利益相关者权重的设定，使得不同利益相关者的期望能够在设计中得到合理的平衡。例如，如果社区对环境保护的关注更高，建筑企业可以在设计中更加注重环保设计特性。

员工培训和发展特性的明确：作为社会责任的一部分，建筑企业需要关注员工的培训和发展。通过 QFD，企业可以将员工培训和发展特性明确地融入到设计中，确保员工在工作中得到良好的发展机会。

（三）QFD 在社会责任关联分析中的应用

社会责任关联矩阵的建立：利用 QFD 的社会责任关联矩阵，建筑企业可以分析不同社会责任指标之间的关联关系。例如，环境保护和社区参与可能存在关联，通过这种分析，企业可以更好地理解不同社会责任方面的相互影响，从而有针对性地制定综合性的社会责任策略。

社会责任风险评估：QFD 方法也可用于社会责任风险评估。通过分析不同社会责任方面可能涉及的风险，企业可以采取相应措施，降低负面影响，确保社会责任的履行更具稳健性。

社会创新的关联分析：社会创新是一种积极履行社会责任的途径。通过

QFD 的关联分析，建筑企业可以深入了解社会创新与其他社会责任方面的关联，推动社会创新与企业战略目标的一体化。

（四）优势与挑战

1. 优势

系统性：QFD 提供了一种系统性的方法，能够全面而有序地考虑建筑企业在社会责任方面的需求、设计特性和关联关系。

明确目标：通过 QFD 的方法，建筑企业能够明确社会责任的具体目标和指标，有助于企业更加有针对性地履行社会责任。

综合性：QFD 的综合性使得建筑企业能够将社会责任融入到整个生产过程中，而不是仅停留在表面。

2. 挑战

数据获取困难：一些社会责任的指标可能难以量化，数据获取相对困难。这可能使得在 QFD 的过程中某些方面的分析受到限制。

利益相关者矛盾：不同利益相关者之间可能存在矛盾，不同利益相关者对社会责任的期望有时可能存在冲突。QFD 需要在这些矛盾中寻找平衡点，这可能是一项具有挑战性的任务。

长期效果评估：社会责任往往是一个长期的投资，而 QFD 更侧重于短期效果的评估。因此，建筑企业需要通过其他方法来评估社会责任的长期效果，确保其可持续性。

文化差异：不同地区、不同文化对社会责任的理解和关注点可能存在差异。在全球范围内运营的企业需要适应不同文化的差异，确保 QFD 方法的有效性。

（五）未来展望

数字化技术的应用：未来，建筑企业在社会责任层面的 QFD 应用可能会借助数字化技术，通过大数据分析、人工智能等手段更加精确地获取和分

析社会责任的需求和影响。

全球标准的推动：随着可持续发展目标等全球标准的推动，建筑企业在QFD 的应用中可能更加关注全球性的社会责任问题，以确保企业的社会责任履行符合国际标准。

社会责任报告的透明度：未来，企业可能更注重社会责任报告的透明度，以向股东、利益相关者和社会公众展示企业在社会责任方面的实际行动和成果。

社会创新的融入：社会创新将成为未来建筑企业社会责任的关键要素。QFD 将更多关注如何在企业运营中融入社会创新，从而更好地满足社会的需求。

QFD 在建筑企业社会责任层面的应用为企业提供了一种系统性和综合性的管理工具。通过 QFD 的方法，企业能够全面了解社会的需求，将社会责任明确融入到设计中，并分析不同社会责任指标之间的关联关系。尽管在应用中面临一些挑战，但其优势使得 QFD 成为履行社会责任的有力辅助工具。未来，随着数字化技术的应用和全球标准的推动，建筑企业在社会责任层面的 QFD 应用将更加精细和全面，为可持续发展目标做出更大的贡献。

第五节　新材料与绿色技术对建筑质量的影响

一、新材料在建筑中的应用前景

建筑业作为社会发展的支柱之一，一直在寻求更加创新和可持续的解决方案。新材料的不断涌现为建筑行业注入了新的活力，推动了建筑设计、施工和维护的创新。本书将深入探讨新材料在建筑中的应用前景，涵盖其种类、优势、挑战，以及未来发展方向。

（一）新材料的种类

智能材料：具有感知、响应、适应等特性的智能材料，如智能玻璃、自修复材料等，为建筑提供了更高的智能化水平。

高性能混凝土：包括高强度混凝土、自密实混凝土等，提高了混凝土结构的耐久性和抗风化性。

新型保温材料：高效的隔热和隔音性能，如岩棉、聚苯板、蓄热材料等，有助于提高建筑的节能性能。

可再生材料：包括竹木、再生钢铁等，强调可持续性和对环境的友好性。

纳米材料：利用纳米技术，改善材料的力学性能、导热性能等，如纳米涂料、纳米复合材料等。

透明材料：如透明太阳能电池板、透明混凝土等，为建筑提供更多自然采光，并实现能源的有效利用。

3D打印建筑材料：采用3D打印技术制造建筑构件，提高建筑的设计灵活性和施工效率。

（二）新材料在建筑中的应用优势

轻量化：许多新材料具有较低的密度和更轻的重量，有助于减轻建筑结构的负担，提高建筑整体的承载能力。

高强度：高性能材料通常具有比传统材料更高的抗拉强度和抗压强度，可用于制造更为坚固和安全的建筑结构。

节能减排：新型保温材料和高效隔热材料能够显著提高建筑的隔热性能，降低能耗，实现节能减排的目标。

环保可持续：许多新材料以可再生资源为基础，或具有良好的可回收性，有助于减少对自然资源的依赖，降低建筑对环境的影响。

设计灵活性：3D打印建筑材料和可塑性强的新材料使得建筑设计更加灵活，能够实现更为复杂和创新的建筑形式。

智能化：智能材料的引入使得建筑具备更智能的功能，如智能温控、自适应性能，提升建筑的生活质量和舒适度。

（三）新材料在建筑中的应用挑战

成本：一些新型材料的生产成本相对较高，这可能成为广泛应用的障碍。然而，随着技术的进步和规模效应的发挥，成本问题有望逐渐缓解。

标准化和认证：目前，新材料的标准化和认证体系相对滞后，这导致了一些规模较大的建筑项目在采用新材料时可能面临合规性和质量认证的问题。

长期性能：一些新型材料的长期性能和耐久性尚待验证。在实际应用中，需要更多时间的观察和研究，以确保其在长时间内保持优越性能。

可持续性：尽管很多新材料强调可持续性，但一些新技术的环境影响可能需要更深入的研究。确保新材料在生产、使用和废弃阶段都符合可持续发展的原则是一个挑战。

复杂性：一些新材料的制备和应用相对较为复杂，这需要施工人员具备更高的技术水平，同时可能增加施工的难度。

（四）新材料在建筑中的未来发展方向

可再生新材料：更多以可再生资源为基础的新材料将得到发展，以减少对有限自然资源的依赖。

智能化材料：随着人工智能和物联网技术的发展，智能化材料将更多加入建筑中，实现建筑的自适应、自感知和自调节能力，提升建筑的智能化水平。

生物可降解材料：面向更环保的方向，生物可降解材料将得到更广泛的应用，尤其在单次使用产品和可回收建筑材料方面。

碳中和新材料：针对气候变化和碳中和的需求，新材料的研发将更加注重碳排放的降低，包括碳负荷低的建筑材料和碳捕获技术。

纳米技术在材料中的应用：纳米技术的发展将为新材料带来更多创新，包括提高材料的强度、改善导热性能等，从而优化建筑的性能。

多功能性新材料：集成多种功能于一体的新材料将更加受到关注，例如，具备隔热、吸音、防水、抗震等多种功能的新型建筑材料。

可持续建筑设计与新材料融合：建筑设计将更加注重可持续性，新材料将与建筑设计相辅相成，实现更为环保和可持续的建筑。

（五）新材料在建筑中的具体应用案例

透明太阳能电池板：这种材料可以替代传统的建筑外墙材料，实现建筑外墙的透明度，同时具备发电功能，有效利用太阳能。

自修复混凝土：针对混凝土在使用过程中可能出现的裂缝问题，自修复混凝土材料通过微生物或微胶囊的引入，能够在裂缝处形成自我修复的效果。

轻质高强隔热材料：针对传统建筑保温材料的重量和导热性能的问题，一些轻质高强隔热材料应用于建筑外墙，有效提高了建筑的保温性能。

3D 打印建筑材料：3D 打印技术结合新型建筑材料，实现了建筑构件的定制化制造，提高了施工效率和设计灵活性。

透明混凝土：这种新型建筑材料可以实现透明效果，使得建筑内部更充分地利用自然光，降低了对人工照明的依赖。

（六）新材料在建筑中的影响

环境影响：新材料的研发和应用将对建筑的环境影响产生深远的影响。更环保、可降解的新材料将有助于减少建筑对自然环境的负担。

能源效率：高性能建筑材料的应用将提高建筑的能源效率，降低能源消耗，符合节能减排的要求。

建筑设计：新材料的应用将推动建筑设计的创新，设计师将更多关注材料的特性和可塑性，创造更具艺术性和实用性的建筑。

施工效率：一些新材料的应用将简化建筑施工过程，提高施工效率，降低建筑成本。

社会认知：随着新材料的广泛应用，社会对于建筑材料的认知也将发生变化，人们对于环保、节能等方面的关注将更加集中。

新材料在建筑中的应用前景广阔，通过创新性、可持续性和智能化等特性，这些材料为建筑行业带来了更多的选择和发展机会。新材料在建筑领域的应用，不仅能够满足现代建筑对性能和环保性的要求，同时也能够推动建筑设计和施工技术的创新。尽管在应用过程中会面临一些挑战，例如，成本、标准化和长期性能等方面的问题，但随着科技不断进步和应用经验的积累，这些挑战有望逐渐得到解决。在未来，新材料将继续在建筑领域发挥重要作用，推动建筑行业向更为智能、环保和可持续的方向发展。

二、QFD 在新材料选择中的支持作用

在建筑领域，新材料的选择对于项目的成功和可持续性至关重要。然而，随着新材料不断涌现，建筑专业人员面临着更为复杂的选择。QFD 作为一种系统性的管理工具，可以在新材料选择中发挥关键作用。本书将深入研究 QFD 在新材料选择中的支持作用，包括需求获取、设计特性确定、关联分析等方面的实际应用。

（一）QFD 在新材料选择中的需求获取

利益相关者需求分析：QFD 通过系统性的方法，帮助团队识别和理解不同利益相关者对新材料的需求。这包括建筑师、工程师、业主，以及最终用户的期望。通过调查、访谈和工作坊等方式，QFD 可以整合各方的声音，确保新材料的选择满足多方面的需求。

环境和可持续性要求：随着社会对环保和可持续性的关注不断增加，新材料的选择必须符合相关的环保标准。QFD 可以帮助团队明确这些环保要求，并将其纳入到新材料选择的考虑因素中。

技术性能需求：不同项目对新材料的技术性能要求各异，可能包括强度、导热系数、耐候性等方面的要求。QFD 可以帮助建筑团队明确这些技术性能需求，确保选择的新材料能够满足项目的实际要求。

（二）QFD 在新材料设计特性确定中的支持作用

新材料设计特性的明确：QFD 通过矩阵分析和屋顶矩阵等工具，帮助团队将需求转化为具体的新材料设计特性。例如，如果业主强调建筑外观的美观性，QFD 可以帮助团队将美观性要求转化为具体的设计特性，如颜色、质地等。

利益相关者权重的设定：利用 QFD 的方法，团队可以为不同利益相关者设定权重，确保在新材料选择中，更关键的利益相关者的需求得到更高的优先级。这有助于避免在选择过程中忽略某些关键需求。

成本与性能平衡：QFD 可以帮助团队在新材料选择中实现成本与性能的平衡。通过对成本和性能的权衡分析，建筑团队能够在经济可行的前提下选择最优的新材料，以满足项目的多方面需求。

（三）QFD 在新材料关联分析中的支持作用

新材料关联矩阵的建立：QFD 可以帮助建筑团队分析不同新材料之间的关联关系。例如，某些材料的使用可能会影响到其他材料的性能或施工过程。通过建立关联矩阵，团队可以更好地理解新材料之间的相互作用，从而做出更为全面的选择。

风险评估：QFD 支持团队对新材料选择中的风险进行评估。这包括潜在的技术风险、供应链风险、市场变化风险等。通过在 QFD 中引入风险因素，团队可以更全面地评估每种新材料的可行性和可靠性。

新材料生命周期分析：QFD 可以协助建筑团队进行新材料的生命周期分析，包括材料的生产、使用和废弃阶段对环境的影响。通过综合考虑新材料的全生命周期，团队可以更好地了解其可持续性和环保性。

（四）QFD 在新材料选择中的优势与挑战

1. 优势

系统性：QFD 提供了一个系统性的框架，能够将复杂的需求和设计特性整合在一起，确保新材料的选择是全面的。

参与多方：QFD 通过多方参与，包括设计师、工程师、业主等，确保了不同利益相关者的需求被充分考虑。

客观决策：QFD 的工具和方法有助于建筑团队以客观的方式权衡各种需求和设计特性，从而做出更为理性的决策。

2. 挑战

复杂性：对于小规模的项目，引入 QFD 可能会显得过于复杂，需要根据实际情况进行灵活运用。

数据获取：QFD 的应用需要大量的数据支持，而一些新材料可能尚处于研发或初期应用阶段，相关数据可能不足或难以获取，这可能成为 QFD 应用的一个挑战。

专业知识要求：QFD 的有效应用需要建筑专业人员具备一定的系统工程管理和质量管理的知识，这对于一些初阶团队可能构成一定的门槛。

（五）QFD 在新材料选择中的未来发展方向

数字化 QFD：随着数字化技术的不断发展，未来 QFD 可能更加数字化，借助人工智能、大数据分析等技术，更高效地进行需求分析和设计特性确定。

可持续性指标的融入：未来的 QFD 应用可能会更加注重可持续性指标的融入，包括环保、碳足迹、循环利用等方面的考虑。

全球化视野：随着建筑项目的国际化趋势，QFD 在新材料选择中可能更加注重全球化视野，考虑不同地区的文化、法规和市场差异。

更广泛的应用领域：除了建筑领域，未来 QFD 可能会在更多领域的新材料选择中得到应用，如汽车制造、电子产品等。

QFD 在新材料选择中的支持作用不可忽视，其系统性、客观性和多方参与的特点使其成为建筑领域新材料选择的重要工具。通过 QFD，建筑团队能够全面理解利益相关者的需求，将这些需求转化为具体的设计特性，并通过关联分析、风险评估等方法进行综合考虑。然而，QFD 的应用也面临一些挑战，包括复杂性、数据获取难度等，需要团队具备一定的专业知识和技能。未来，随着数字化技术的发展和可持续发展目标的推动，QFD 在新材料选择中有望进一步发挥作用，助力建筑行业朝着更为智能、环保和可持续的方向发展。

参考文献

［1］牛天勇. 建筑业企业高质量发展问题研究［M］. 北京：北京交通大学出版社，2022.

［2］卢保玲，党吉明，徐传光. 建筑工程质量与安全管理研究［M］. 长春：吉林科学技术出版社，2022.

［3］邢言利. 建筑工程质量管理与控制措施研究［M］. 哈尔滨：哈尔滨工业大学出版社，2019.

［4］甘元彦. 我国建筑工业化项目质量因素分析及协同管理机制研究［M］. 长春：吉林科学技术出版社，2020.

［5］张秋倩. 基于作业成本法的建筑施工企业质量成本管理研究［M］. 徐州：中国矿业大学出版社，2010.

［6］王志华. 南通新华建筑安装工程有限公司质量管理体系构建研究［M］. 徐州：中国矿业大学出版社，2006.

［7］林环周. 建筑工程施工成本与质量管理［M］. 长春：吉林科学技术出版社，2022.

［8］杨智慧. 建筑工程质量控制方法及应用［M］. 重庆：重庆大学出版社，2020.

［9］李琳，郭红雨，刘士洋. 建筑管理与造价审计［M］. 长春：吉林科学技术出版社，2019.

［10］陆总兵. 建筑工程项目管理的创新与优化研究［M］. 天津：天津科学技术出版社，2019.

［11］郭汉丁. 建筑节能工程质量治理与监管［M］. 北京：机械工业出版社，2019.

［12］焦丽丽. 现代建筑施工技术管理与研究［M］. 北京：冶金工业出版社，2019.

［13］王健，苏乾民，韦光兰. 建筑施工组织与管理［M］. 哈尔滨：哈尔滨工程大学出版社，2020.

［14］陈思杰，易书林. 建筑施工技术与建筑设计研究［M］. 青岛：中国海洋大学出版社，2020.

［15］王炜，张力牛，陈芝芳. 建筑工程施工与质量安全控制研究［M］. 文化发展出版社，2019.

［16］彭红，周强. 建筑材料［M］. 重庆：重庆大学出版社，2018.

［17］嵇德兰. 建筑施工组织与管理［M］. 北京：北京理工大学出版社，2018.